Heidelberger Taschenbücher Band 49

Selecta Mathematica
Herausgegeben von Konrad Jacobs

I

Konrad Jacobs

Maschinenerzeugte 0-1-Folgen

Rot und Schwarz

Das Äquivalenzprinzip von E. S. Andersen

Die kombinatorischen arcsin-Gesetze von G. Baxter und J. P. Imhof

Der Heiratssatz

Springer-Verlag Berlin Heidelberg New York 1969

Professor Dr. Konrad Jacobs
Mathematisches Institut der Universität Erlangen-Nürnberg
852 Erlangen
Bismarckstraße 1 $^1/_2$

Alle Rechte vorbehalten.
Kein Teil dieses Buches darf ohne schriftliche Genehmigung des Springer-Verlages übersetzt oder in irgendeiner Form vervielfältigt werden.
© by Springer-Verlag Berlin · Heidelberg 1969. Library of Congress
Softcover reprint of the hardcover 1st edition 1969
ISBN-13: 978-3-540-04545-8   e-ISBN-13: 978-3-642-95113-8
DOI: 10.1007/978-3-642-95113-8
Catalog Card Number 68-57941
Titel-Nr. 7579

Vorwort zur Reihe 'SELECTA MATHEMATICA'

Der vorliegende Band ist der erste aus einer 'SELECTA MATHEMATICA' benannten Unterreihe der Heidelberger Taschenbücher, die sich vor allem an Studenten und Gymnasiallehrer wendet.

Weite Gebiete der gegenwärtigen Mathematik erschließen sich nur, wenn man zuvor ein längeres Studium bestimmter Beweistechniken auf sich nimmt, und weisen jeden flüchtigen Besucher ab. Dennoch treten in den verschiedensten Teilgebieten immer wieder Einzelergebnisse auf, die sich leicht und direkt erläutern und beweisen lassen. Oft handelt es sich um fundamentale Sätze, die sowohl beim Beweis wie auch schon bei einfachen Anwendungen exemplarischen Einblick in den gegenwärtigen Gang der Forschung geben. Man denke an den Satz von HAHN-BANACH, das Minimax-Theorem, den Heiratssatz.

Solchen Einzelthemen exemplarischen Charakters ist die Reihe 'SELECTA MATHEMATICA' gewidmet. Sie folgt in der Themenwahl keinem festen Kanon. Jedes Bändchen enthält einige in sich weitgehend abgeschlossene, aber einigermaßen zusammenpassende Texte von einem oder mehreren Autoren. In jedem Text wird wenigstens ein wesentliches Ergebnis vollständig bewiesen. Es werden geringe Vorkenntnisse verlangt. Sie gehen selten über das hinaus, was ein Student heute in den ersten zwei Semestern lernt. Man sollte mit Mengen, Funktionen und linearen Räumen Bescheid wissen. Wer etwas von Punktmengentopologie, Radon-Maßen und anderen Gegenständen moderner mathematischer Allgemeinbildung versteht, wird davon gelegentlich Vorteile haben.

Verlag und Herausgeber hoffen, im Laufe der Zeit *eine Sammlung von Texten* zu schaffen, die man Proseminaren und Seminaren zugrundelegen kann, die den Gymnasiallehrern Gegenstände zur selbständigen oder gemeinsamen Fortbildung bieten und interessierten Studenten Gelegenheit geben, ihren mathematischen Horizont relativ schnell in den verschiedensten Richtungen zu erweitern.

Erlangen, Herbst 1968   KONRAD JACOBS
                                     Herausgeber

Vorwort zu 'SELECTA MATHEMATICA I'

Die in diesem Bändchen zusammengefaßten Einzeltexte wurden ursprünglich für Vorträge bei den ‚Erlanger Zusammenkünften' geschrieben. Bei diesen Veranstaltungen treffen sich einmal monatlich interessierte Gymnasiallehrer aus der Erlanger Gegend, um sich weiterzubilden. Sie halten die Vorträge selber oder laden einen Mitarbeiter der Fachgruppe Mathematik an der Universität Erlangen-Nürnberg, gelegentlich auch einen auswärtigen Gast, zum Vortrag ein. Dies ist die gegenwärtige Form einer von OTTO HAUPT vor langen Jahren begründeten Tradition, der ich mich mit Vergnügen angeschlossen habe.

Die hier behandelten Gegenstände sind elementar und raffiniert zugleich. Sie stammen zum großen Teil aus der neueren mathematischen Forschung.

1. Maschinenerzeugte 0-1-Folgen

Dieser Beitrag entstand im Zusammenhang mit einer 1966/67 in Erlangen geschriebenen Arbeit von M. KEANE. Das, was sich aus dieser Arbeit an Elementarem gewinnen ließ, schien mir so reizvoll, daß ich nur noch ein älteres Ergebnis von Hedlund-Morse hinzufügte und dann einen Teil des Textes in einer Veranstaltung, an der außer Gymnasiallehrern auch einige interessierte Oberstufen-Schüler teilnahmen, vortrug. Die dabei gewonnene Erfahrung ermutigt mich zu dem Vorschlag, die simple Block-Algebra von KEANE doch einmal in Schüler-Zirkeln durchzunehmen; sie ist einfach und führt a) aus dem gewohnten Algebra-Schema heraus und b) zu reizvollen Anwendungen in Gestalt der damit konstruierten 0-1-Folgen.

2. Rot und Schwarz

Hier handelt es sich um die Lösung einer Optimierungsaufgabe wahrscheinlichkeitstheoretischer Herkunft. Sie ist dem Buch von DUBINS-SAVAGE 'How to gamble if you must' (1956) unter Vermeidung des dort verwendeten technischen Apparats entnommen und kann als exemplarisch für einige der dort abgehandelten Forschungsergebnisse aus den letzten Jahren vor 1965 angesehen werden. Zugleich ergibt sich eine Gelegenheit, schnell mit einigen wesentlichen Ideen der Wahrscheinlichkeitstheorie vertraut zu werden, ohne erst die Grundlagen dieser Disziplin systematisch studieren zu müssen.

3. Das Äquivalenzprinzip und das arcsin-Gesetz
von E. Sparre Andersen

Auch hier handelt es sich um ein Ergebnis aus der Wahrscheinlichskeitstheorie; es wurde 1949 von E. SPARRE ANDERSEN publiziert. Sein wesentlicher Gehalt ist rein kombinatorischer Natur, ich konnte also die wahrscheinlichkeitstheoretischen Begriffe ganz beiseitelassen und mich darauf beschränken, erst am Schluß eine gewisse Verbindung zu ihnen herzustellen, die keine Vorkenntnisse verlangt. Das Verifizieren der bewiesenen Anzahlaussagen über sog. Pfade bietet zahlreiche Möglichkeiten, sich etwa in Schüler-Zirkeln mit konkreten Pfaden anschaulich zu beschäftigen. Dem Text sind Beispiele beigegeben, die jeder Leser weiter vermehren kann. Wer sich noch mehr in dieser Richtung betätigen will, findet eine Fortsetzung des Stoffes in

4. Die kombinatorischen arcsin-Gesetze
von G. Baxter und J. P. Imhof

5. Der Heiratssatz

ist heute als Einzelthema weit im Schwange. Er stellt jedoch nur einen Ausschnitt aus einem ausgewachsenen Teilgebiet der modernen Kombinatorik dar. Ich habe verschiedene Sätze aus dieser sog. 'matching theory' zunächst einzeln vorgeführt, um abschließend zu zeigen, daß sie im wesentlichen alle gleichwertig sind. U. a. lernt man etwas über Netzwerke dabei. Mehrere ‚Aufgabenblätter' sind beigefügt.

Daß die in diesem Buch abgehandelten Themen im wesentlichen kombinatorischen Charakter haben, hat zwei Gründe. Einmal ist die Kombinatorik eben ein Kuchen mit besonders vielen Rosinen, und wenn man in einer Disziplin ein für sich reizvolles und unabhängig zu beweisendes Resultat findet, ist es häufig kombinatorischer Natur. Zum andern nimmt die Kombinatorik gerade in unseren Jahren einen bedeutenden Aufschwung; ich habe als Wahrscheinlichkeitstheoretiker gewisse Beziehungen zu ihr, und ich wollte gern von etwas erzählen, was mich besonders interessiert und außerdem aktuell ist.

Dies Bändchen ist ein Versuch, die der Reihe ‚Selecta Mathematica' gestellte Aufgabe anzugehen. – Sicher kann man sie auch auf ganz andere Weise lösen. Es kann der Reihe m. E. nur gut tun, wenn jeder Autor dabei seinen persönlichen Geschmack unverblümt walten läßt.

Ich würde mich freuen, Kritik, Anregung und beispielhafte Lösungen zu erhalten.

Herrn Dr. DIETER SONDERMANN bin ich für verschiedene hilfreiche Bemerkungen zum Kapitel 5 zu Dank verpflichtet. Besonderer Dank gebührt FRL. I. GROTHE für die Herstellung der Reinschrift.

Erlangen, im Sommer 1968　　　　　　　　　　　　KONRAD JACOBS

Inhaltsverzeichnis

Maschinenerzeugte 0-1-Folgen 1
§ 1. Ein Algorithmus zur Erzeugung von 0-1-Folgen 3
    1. Vorübung mit speziellen Folgen 3
    2. Block-Algebra 3
    3. Maschinelle Darstellung 8
    4. Der shift-Raum 8
§ 2. Aperiodizität 9
§ 3. Fastperiodizität 14
§ 4. Mittelwert-Eigenschaften 15
    1. Allgemeines 15
    2. Relative Häufigkeit von Nullen und Einsen 17
    3. Relative Häufigkeit beliebiger Blöcke 20
§ 5. Periodizität 22
§ 6. Aufgaben 25
Literatur 27

Rot und Schwarz 28
§ 1. Die Spielregeln bei ‚Rot und Schwarz'. Strategien und ihr Erfolg 29
§ 2. Die kühne Strategie und die Rekursionsformel 35
§ 3. Die Erfolgswahrscheinlichkeiten der kühnen Strategie . . 39
§ 4. Das vollständige Modell 46
    1. Wahrscheinlichkeiten 46
    2. Einsätze und Bilanzpfade 49
    3. Strategien 50
Literatur 52

Das kombinatorische Äquivalenzprinzip und das arcsin-Gesetz von E. Sparre Andersen 53
§ 1. Fragestellungen und Beispiele 53
§ 2. Das kombinatorische Äquivalenzprinzip 60
§ 3. Das kombinatorische arcsin-Gesetz 66
    1. Ein erweitertes Modell 67
    2. Das kombinatorische Äquivalenzprinzip für das erweiterte Modell 68
    3. Das kombinatorische arcsin-Gesetz 69
§ 4. Das asymptotische arcsin-Gesetz 75
Literatur 81

Die kombinatorischen arcsin-Gesetze von G. Baxter und
J. P. Imhof 82
§ 1. Das kombinatorische arcsin-Gesetz von G. Baxter . . . 84
§ 2. Das Schrumpf-Verfahren von E. Sparre Andersen. . . . 88
§ 3. Die Rekursionsformel und der Beweis des arcsin-Gesetzes
von G. Baxter 93
§ 4. Leiter-Indices und das arcsin-Gesetz von J. P. Imhof . . 95
§ 5. Ein modifiziertes Schrumpf-Verfahren. 98
§ 6. Die Rekursionsformel und der Beweis des arcsin-Gesetzes
von J. P. Imhof 99
Literatur 102

Der Heiratssatz 103
§ 1. Der Heiratssatz 104
 1. Der Satz 105
 2. Eine quantitative Verschärfung 106
 3. Einige Anwendungen. 108
  a) Systeme verschiedener Vertreter 108
  b) Gemeinsame Vertretersysteme 108
  c) Das Haarsche Maß auf kompakten Gruppen . . . 110
§ 2. Der Satz von König 111
§ 3. Der Satz von Dilworth 115
§ 4. Das Schnitt-Fluß-Theorem von L. R. Ford und
D. R. Fulkerson 121
 1. Netzwerke, Schnitte und Flüsse 121
 2. Eingleisige Flüsse 124
 3. Das Schnitt-Fluß-Theorem 126
§ 5. Beziehungen zwischen den Hauptsätzen 131
 1. Heiratssatz⇒König 131
 2. König⇒Heiratssatz 132
 3. Dilworth⇒Heiratssatz 133
 4. Dilworth⇒König 133
 6. König⇒Dilworth 134
 5. Ford-Fulkerson⇒König 136
Literatur 141

Namen- und Sachverzeichnis 142

Zur Bezeichnungstechnik

Die üblichen mengentheoretischen Symbole werden als bekannt vorausgesetzt. Beispielsweise bedeutet $\emptyset$ die leere Menge, $E \setminus F$ die Differenz der Mengen E und F, $E \vartriangle F = (E \cup F) \setminus (E \cap F)$ ihre symmetrische Differenz.

1. Abbildungen stehen stets rechts von dem Gegenstand, auf den sie wirken. Dann schreibt man sie nämlich beim Hintereinanderschalten in der Reihenfolge hin, in der sie wirken. Reelle Funktionen werden trotzdem meist wie üblich geschrieben: das Argument in Klammern.

2. Die Indikatorfunktion einer Teilmenge F der Menge $\Omega = \{\omega, \ldots\}$ ist durch
$$1_F(\omega) = \begin{cases} 1 & \text{für} \quad \omega \in F, \\ 0 & \text{für} \quad \omega \notin F \end{cases}$$
definiert.

3. $|F|$ bezeichnet die Mächtigkeit der Menge F, also z. B. $|\{1,\ldots,n\}| = n$, $|\{1,2,\ldots\}| = \infty$.

Maschinenerzeugte 0-1-Folgen

Seit jeher haben Erscheinungen der Symmetrie und Regelmäßigkeit die Mathematiker zu bedeutenden und genußreichen Untersuchungen angeregt. Wer Mathematik studiert hat, weiß von der Aufzählung der Kristallgruppen, die in der 2. Hälfte des 19. Jahrhunderts durch BARKOW, FEDOROW, JORDAN, SCHOENFLIES und SOHNCKE geleistet wurde und hat vielleicht auch das Buch von H. WEYL [10] oder die betreffenden Abschnitte bei COXETER [2] oder SPEISER [8] gelesen.

Für den Genuß, den solche Untersuchungen bereiten, mag es verschiedene psychologische Erklärungen geben. Ich vermute, er hängt damit zusammen, daß die Menschen sich erhoben fühlen, wenn sie ihre innere Welt als geordnet empfinden. Gruppentheorie und Symmetriebetrachtungen können anscheinend irgendwie auf das Innenleben der Leute, die sie betreiben, zumindest für Augenblicke abfärben. In der Theorie der Kristallgruppen kommt als weiteres Vergnügen das Gefühl hinzu, sich mit ohnehin kostbaren Dingen zu beschäftigen. Doch wird der ausgesprochene Mathematiker die wahre Kostbarkeit in den schönen und raffinierten Gedanken sehen, die sich von der glitzernden Materie haben anregen lassen. Er wird geneigt sein, noch einen Schritt weiter zu gehen und ein besonderes Vergnügen beim Durchdenken einer Theorie zu empfinden, in der die Materie nichts bedeutet und der Gedanke alles, in der nichts glitzert als die geistvolle Fügung.

Ich möchte nun – aus Arbeiten von HEDLUND-MORSE [3], KAKUTANI [4] und KEANE [5, 6] referierend – versuchen, dem Leser Unterlagen für solches Vergnügen zu liefern. Das Material, aus dem die betrachteten Gegenstände bestehen, ist ganz unscheinbar: die Symbole 0 und 1. Aus ihnen bauen wir endliche Blöcke, wie z. B.

0, 01, 001, 110, 0110, 1001, ...

vor allem aber unendliche Folgen, wie z. B.

000...
0101...
001001...
0110|1001|1001|0110|...
001|001|110|001|001|110|110|110|001|...

allgemein

$$\omega = \omega_0 \omega_1 \omega_2 \ldots$$

mit $\omega_t = 0$ oder 1 ($t = 0, 1, \ldots$). Wir verzichten darauf, die Symbole durch Kommata zu trennen und setzen nur gelegentlich vertikale Striche zur optischen Orientierung. Da alle Blöcke und Folgen aus den Symbolen 0 und 1 bestehen, sprechen wir auch von 0-1-*Blöcken* und 0-1-*Folgen*.

Der Leser wird den obigen Folgen vielleicht schon einige Symmetrien ansehen, die es z. B. gestatten, sie mechanisch durch einfache Maschinen auf einen Papierstreifen beliebig weit ausdrucken zu lassen. Ziel dieser Darlegungen ist die Aufklärung von Symmetrie-Eigenschaften von Folgen, die sich nach einem bestimmten Verfahren, unter Einsatz von *Maschinen* und *Programmen*, herstellen lassen. Da es sich um unendliche Folgen handelt, wird man, anders als in der Theorie der Kristallgruppen, darauf gefaßt sein, es mit *unendlichen Symmetrien* zu tun zu bekommen. Eine Hauptaufgabe besteht darin, diese unendlichen Symmetrien mit endlichvielen Überlegungen in den Griff zu bekommen.

Das Arbeitsschema der betrachteten Maschinen läßt sich mathematisch mit einer Art *Block-Algebra* ausdrücken, die von KEANE [6] stammt. Wir stellen sie in § 1 vor und zeigen, wie eine Maschine sie ausführen kann. Alles Weitere wird mit den Ausdrucksmitteln der Block-Algebra durchgeführt, doch sei dem Leser empfohlen, sich dabei stets eine arbeitende Maschine vorzustellen. In § 2 zeigen wir zunächst, daß die erzeugten Folgen i. a. nicht periodisch sind, und beweisen einen Satz 2.4, der etwas mit *Schach-Stopregeln* zu tun hat. In § 3 führen wir den Begriff *fastperiodisch* ein und zeigen, daß alle unsere Folgen fastperiodisch sind. In § 4 werden Mittelwertprobleme, also z. B. Fragen über die *relative Häufigkeit* von Nullen und Einsen in unseren Folgen behandelt. In § 5 wird gezeigt, daß in unseren meist nicht-periodischen Folgen in Wahrheit doch gewissermaßen *unendlichviel Periodizität* steckt, wenn man sie nur richtig, d. h. mit dem richtigen Ansatz, betrachtet. § 6 enthält Probleme, an denen der Leser sich versuchen kann, um mit dem Vorangehenden vertraut zu werden, aber auch, um es als Ausschnitt einer umfassenderen – z. T. noch nicht vorhandenen Theorie zu sehen.

Was hier ganz elementar entwickelt wird, besitzt gleichwohl Anwendungen in der topologischen Dynamik und der Ergodentheorie, wobei mit Topologie und Maßtheorie zu arbeiten ist. Der Raum aller 0-1-Folgen ist nämlich ein bekanntes metrisches Kompaktum, in dem Ergoden- und Wahrscheinlichkeitstheoretiker schon seit langem Maßtheorie treiben. Von dieser Seite ist ein Großteil der hier vorgetragenen Untersuchungen veranlaßt worden; die betr. Forschungen haben z.T. erst 1966 stattgefunden. Die Vorgeschichte reicht allerdings weit zurück, vgl. MORSE [7], THUE [9].

§ 1. Ein Algorithmus zur Erzeugung von 0-1-Folgen

In diesem Paragraphen beschreiben wir die Erzeugung von 0-1-Folgen nach einem Verfahren, das man als Algorithmus formulieren und einfachen Maschinen anvertrauen kann.

1. Vorübung mit speziellen Folgen

Wenn der Leser es nicht zu eilig hat, sollte er versuchen, selbständige Vorstellungen darüber zu entwickeln, nach welchen Regeln die Folgen

0000...
01010101...
001001001...
0110|0110...
0110|1001|1001|0110|...
001|001|110|001|001|110|110|110|001|...

ad infinitum fortzusetzen seien. Die vertikalen Striche dienen wieder nur zur optischen Orientierung. Nur die beiden letzten Folgen sind nichttrivial; die vorletzte stammt von M. MORSE und wird auch als *Morse-Folge* bezeichnet. Die letzte wurde von M. KEANE angegeben und soll hier als (ternäre) *Keane-Folge* bezeichnet werden; wer die „innere Musik" dieser Folge hört, mag sie als „Walzer unendlicher Ordnung" ansprechen.

2. Block-Algebra

Eine endliche angeordnete Serie $A = a_0 \ldots a_{m-1}$ von Nullen und Einsen wird auch als ein (0-1-)*Block A* der *Länge* $|A| = m$ bezeichnet. $a_0, \ldots, a_{m-1}$ heißt die 0-te, ..., $(m-1)$-te *Komponente* (Buchstabe, Symbol ...) des Blocks; in den obigen Beispielen sind uns u.a. die Blöcke 0, 01, 001, 0110, 1001 begegnet.

Wir wollen nun zwei Verknüpfungen für Blöcke einführen, und die Regeln kennenlernen, nach denen man mit diesen Verknüpfungen rechnen kann. Das dabei entstehende Kompendium des Rechnens mit Blöcken (KEANE [6]) können wir etwa als eine primitive *Block-Algebra* bezeichnen.

Die erste Verknüpfung besteht einfach im *Nebeneinanderstellen*:

Sind $A = a_0 \ldots a_{m-1}$, $B = b_0 \ldots b_{n-1}$ zwei 0-1-Blöcke, so setzt man

$$AB = a_0 \ldots a_{m-1} b_0 \ldots b_{n-1}.$$

Die Längen verhalten sich dabei additiv:

$$|AB| = |A| + |B|.$$

Wir wollen hier auch von Block-*Addition* sprechen. Sie ist natürlich nicht-kommutativ, aber assoziativ, so daß wir beliebig lange, ja sogar unendliche Serien von Blöcken mit beliebiger oder auch ohne Klammerung nebeneinanderstellen können; im letzten Fall entsteht dabei eine unendliche 0-1-Folge. Man könnte als Neutralelement der Addition einen „leeren Block" der Länge 0 einführen, aber wir haben dafür keine Verwendung.

Die zweite Verknüpfung beruht auf der Addition und auf einer Operation, die wir *Spiegelung* nennen können, und durch

$$0^0 = 0, \quad 0^1 = 1, \quad 1^0 = 1, \quad 1^1 = 0$$

für die Symbole 0, 1, sowie durch

$$A^0 = A, \quad A^1 = a_0^1 \ldots a_{m-1}^1 \quad (A = a_0 \ldots a_{m-1}),$$

also komponentenweise, für Blöcke A erklären. Das Spiegeln wird also durch Anbringen eines Exponenten 1 symbolisiert. (Gelegentlich spiegeln wir auch 0-1-Folgen: ist $\omega = \omega_0 \omega_1 \ldots$, so ist $\omega^1 = \omega_0^1 \omega_1^1 \ldots$.)

Man erhält so z. B.

$$(01)^1 = 10, \quad (0110)^1 = 1001, \quad (001)^1 = 110.$$

Wir erklären nun die *Multiplikation* von 0-1-Blöcken:

Sind $A = a_0 \ldots a_{m-1}$, $B = b_0 \ldots b_{n-1}$ 0-1-Blöcke, so setzt man

$$A \times B = A^{b_0} \ldots A^{b_{n-1}}$$

und nennt dies das Produkt von A und B.

Die Längen verhalten sich dabei multiplikativ:

$$|A \times B| = |A| \cdot |B|.$$

Die Komponenten mit Nummern $\equiv k \bmod |A|$ im Produkt $A \times B$ bilden, in ihrer gegebenen Reihenfolge zu einem Block zusammengefügt, gerade B^{a_k} ($k = 0, \ldots, n-1$).

Der Block 0 ist Links- und Rechts-Eins bei der Multiplikation, Multiplikation mit 1 von links oder rechts wirkt als Spiegelung. Wie das Beispiel

$$(01) \times (00) = 0101 \neq 0011 = (00) \times (01)$$

lehrt, hat man trotz $0 \times 1 = 1 \times 0 (=1)$ und $(01) \times (10) = 1001 = (10) \times (01)$ i.a. keine Kommutativität von der Blocklänge 2 an. Weitere Beispiele zur Produktbildung sind:

$$(01) \times (01) = 0110, \quad (0110) \times (01) = 01101001$$
$$(001) \times (001) = 001001110 \,.$$

Die Rechenregeln

(1) $\qquad A \times (BC) = (A \times B)(A \times C),$
(2) $\qquad (A \times B)^1 = A^1 \times B = A \times B^1$

liegen auf der Hand.

Die Multiplikation von 0-1-Blöcken ist *assoziativ*:

(3) $\qquad (A \times B) \times C = A \times (B \times C)$

gilt für $|C| = 1$:

$$(A \times B) \times 0 = A \times B = A \times (B \times 0)$$
$$(A \times B) \times 1 = (A \times B)^1 = A \times B^1 = A \times (B \times 1) \,.$$

Angenommen, (3) gilt für ein C, so erhält man

$$(A \times B) \times (C\,0) = [(A \times B) \times C][A \times B]$$
$$= [A \times (B \times C)][A \times B]$$
$$= A \times [(B \times C)B]$$
$$= A \times [B \times (C\,0)]$$

unter Benützung von (1). Ebenso ergibt sich

$$(A \times B) \times (C\,1) = [(A \times B) \times C][A \times B]^1$$
$$= [A \times (B \times C)][A \times B^1]$$
$$= A \times [(B \times C)B^1]$$
$$= A \times [B \times (C\,1)]$$

unter Benützung von (1) und (2), womit der Beweis von (3) durch Induktion nach $|C|$ geleistet ist.

Die Assoziativität erlaubt uns, beliebig lange Block-Produkte mit beliebiger oder auch ohne Klammerung zu schreiben. Unter bestimmten Bedingungen sind sogar *unendliche Produkte* von Blöcken sinnvoll:

Es ist klar, daß $A \times B$ genau dann mit A beginnt, d.h. A nach rechts fortsetzt, wenn B mit 0 beginnt. Sind also $P_1, P_2, \ldots$ beliebige Blöcke, so sind die Partialprodukte

$$A \times (0P_1) \times \cdots \times (0P_n)$$

des unendlichen Produkts

(4) $$A \times (0P_1) \times (0 \times P_2) \times \cdots$$

sukzessive Fortsetzungen voneinander und bilden damit gewisse Abschnitte (der Längen $|A| \cdot |0P_1| \cdots |0P_n|$) einer unendlichen 0-1-Folge $\omega = \omega_0 \omega_1 \ldots$, die wir als den Wert des unendlichen Produkts (4) ansehen:

$$\omega = \omega_0 \omega_1 \ldots = A \times (0P_1) \times (0P_2) \times \cdots.$$

Die in dieser Weise als unendliche Produkte aus einem *Anfangsblock* A und mit 0 beginnenden Blöcken $0P_1, 0P_2, \ldots$ gewonnenen Folgen bilden den Gegenstand unserer weiteren Untersuchungen. Wir haben z.B.

000... $\quad = 0 \times (00) \times (00) \times \cdots$
0101... $\quad = (01) \times (00) \times (000) \times \cdots = (010) \times (010) \times \cdots$
01101001... $= 0 \times (01) \times (01) \times (01) \times \cdots$
001001110... $= 0 \times (001) \times (001) \times (001) \ldots$

U.a. treten also die Morse- und die Keane-Folge als unendliche Produkte auf. Da man Produkte noch beliebig klammern darf, ist die Produktdarstellung natürlich nicht eindeutig; man kann z.B. die Morse-Folge auch in der Form

$$(0110) \times (0110) \times \cdots$$

oder

$$(01) \times (0110) \times (01101001) \times \cdots$$

darstellen. Man führe sich die hierin ausgedrückte innere Symmetrie der Morse-Folge vor Augen und überlege sich Entsprechendes für die ternäre Keane-Folge.

Die Morse-Folge ist nur ein Beispiel aus der Klasse aller Produkte der speziellen Form

(5) $$0 \times (0p_1) \times (0p_2) \times \cdots$$

bei denen unendlichviele $p_k = 1$ und die übrigen $= 0$ sind. Beachtet man

$$\underbrace{(00) \times (00) \times \cdots \times (00)}_{q \text{ Paare}} \times (01) = (\underbrace{00 \ldots 00}_{2^q \text{ Nullen}} \underbrace{11 \ldots 11}_{2^q \text{ Einsen}}$$

so sieht man, daß man die 0-1-Folgen (5) auch in der Form
(5a) $$0 \times (0P_1) \times (0P_2) \times \cdots$$
mit
(5b) $$0P_n = \underbrace{0\ldots0}_{2^{q_n}} \underbrace{1\ldots1}_{2^{q_n}} \quad (q_1, q_2, \ldots \text{ passend})$$

gewinnen kann. Da diese Klasse von Folgen zuerst von KAKUTANI [4] behandelt wurde, wollen wir hier von *Kakutani-Folgen* sprechen. Die Morse-Folge entsteht als Kakutani-Folge mit $q_1 = q_2 = \cdots = 0$. Es liegt auf der Hand, daß verschiedene Folgen $q_1, q_2, \ldots$ verschiedene Kakutani-Folgen liefern. Das erste abweichende q_k liefert bereits den Unterschied. Es gibt also *kontinuierlich viele* Kakutani-Folgen.

Für gewisse Untersuchungen ist es zweckmäßig, auch das *Produkt eines Blocks B mit einer unendlichen Folge* $\eta = \eta_0 \eta_1 \ldots$ zu betrachten; es ist als die unendliche Folge

$$B \times \eta = B^{\eta_0} B^{\eta_1} \ldots$$

definiert, die man erhält, wenn man in η jede 0 durch B und jede 1 durch B^1 ersetzt.

Jede 0-1-Folge, die durch Nebeneinandersetzen von Blöcken A und A^1 gebildet wird, läßt sich so schreiben. Insbesondere kann man für $\omega = A \times (0P_1) \times (0P_2) \times \cdots$ und beliebiges $n > 0$ mit $B = A \times (0P_1) \times \cdots \times (0P_n)$, $\eta = (0P_{n+1}) \times \cdots$ die Darstellung

$$\omega = B \times \eta$$

erreichen. Aus (2) folgt dann übrigens

$$\omega^1 = B^1 \times \eta = B \times \eta^1,$$

wobei das Anbringen eines oberen Index 1 auch bei unendlichen Folgen Spiegelung, d.h. Vertauschung von 0 und 1 bedeutet.

Beispielsweise kann man die Morse-Folge für jedes $n > 0$ in der Form

$$01101001\ldots = (\underbrace{(01) \times \cdots \times (01)}_{n}) \times (01101001\ldots)$$

schreiben, ebenso die ternäre Keane-Folge in der Form

$$001001110\ldots = (\underbrace{(001) \times \cdots \times (001)}_{n}) \times (001001110\ldots).$$

Man überlege sich, was das anschaulich bedeutet.

3. Maschinelle Darstellung

Ein unendliches Produkt

$$A \times (0P_1) \times (0P_2) \times \cdots$$

läßt sich in folgender Weise durch eine Maschine, die einen einseitig unendlichen Streifen in Arbeitsgängen Nr. 1, 2, ... mit Nullen und Einsen vollschreibt, ausführen:

Zu Beginn des 1. Arbeitsganges steht der Anfangsblock A ganz vorn auf dem sonst leeren Streifen. Im 1. Arbeitsgang druckt die Maschine gemäß dem *Programmblock* $P_1 = p_1 \ldots p_{r_1}$ die Blöcke $A^{p_1}, \ldots, A^{p_{r_1}}$ in dieser Reihenfolge neben das schon vorhandene A. Als Ergebnis des 1. Arbeitsganges steht der Block $A \times (0P_1)$ ganz vorn auf dem sonst leeren Streifen.

Von dieser Situation ausgehend, tut die Maschine im 2. Arbeitsgang genau dasselbe, jetzt aber gemäß dem Programmblock P_2, und mit $A \times (0P_1)$ anstelle des vorigen Anfangsblocks A.

Es ist klar, wie das weitergeht. Offenbar muß die Maschine nur beliebig lange Blöcke lesen, speichern und dann gemäß einem endlichen Programmblock unverändert oder gespiegelt wieder ausdrucken können. Durch die Einführung von Merkzeichen, die die Maschine für ihre Arbeit am Streifen vorübergehend anbringt, läßt sich die Forderung eines unbeschränkt großen Speichers wieder beseitigen.

4. Der shift-Raum

Um bequeme Bezeichnungen zu erhalten, ist es zweckmäßig, die 0-1-Folgen als Punkte im sog. *Bernoulli-* oder *shift-Raum*

$$\Omega = \{\omega = \omega_0 \omega_1 \ldots | \omega_t = 0 \quad \text{oder} \quad (t = 0, 1, \ldots)\}$$

zu interpretieren. Für jeden 0-1-Block $A = a_0 \ldots a_{m-1}$ bilden wir die als den zu A gehörigen *(speziellen) Zylinder* in Ω bezeichnete Teilmenge

$$[A] = [a_0 \ldots a_{m-1}] = \{\omega = \omega_0 \omega_1 \ldots | \omega_0 = a_0, \ldots, \omega_{m-1} = a_{m-1}\}$$

von Ω. Die Indikatorfunktion einer beliebigen Teilmenge F von Ω wird auch kurz mit 1_F bezeichnet:

$$1_F(\omega) = \begin{cases} 1 \text{ falls } \omega \in F, \\ 0 \text{ sonst.} \end{cases}$$

Für $1_{[A]}$ schreibt man auch kurz 1_A.

Schließlich führen wir vermöge
$$T: \omega = \omega_0 \omega_1 \cdots \to \omega T = \omega_1 \omega_2 \ldots$$
die als *Schiebung* oder *shift* bezeichnete Abbildung von Ω auf sich ein. Wir schreiben die Abbildung rechts von dem Gegenstand, auf den sie wirkt.

$$1_A(\omega T^t) = 1, \quad \text{d. h.} \quad \omega T^t \in A$$

bedeutet dann

$$\omega_t = a_0, \ldots, \omega_{t+m-1} = a_{m-1},$$

und dies bedeutet:

der Block A tritt in ω an der Stelle t auf.

Wir dehnen diese Terminologie auch auf das *Auftreten von Blöcken in anderen Blöcken aus*, indem wir die Stellen in Blöcken von 0 an numerieren. Daß z. B. A in $A^1 A$ als rechte Hälfte auftritt, besagt: A tritt in $A^1 A$ an der Stelle $|A|$ auf. Natürlich kann ein Block der Länge r in einem Block der Länge n nur an Stellen $\leq n - r$ auftreten.

§ 2. Aperiodizität

Wir wollen einsehen, daß die Folgen

$$\omega = A \times (0 P_1) \times (0 P_2) \times \cdots$$

nur in ganz speziellen Fällen periodisch sind. Zunächst sehen wir uns zwei Beispiele an.

Beispiel 2.1. Gibt es ein n mit

(1) $\qquad \eta = (0 P_{n+1}) \times (0 P_{n+2}) \times \cdots = 00\ldots$

und setzt man

$$C_n = A \times (0 P_1) \times \cdots \times (0 P_n), \quad \text{so ist} \quad \omega = C_n \times \eta = C_n C_n \ldots$$

und ω hat die Länge $|C_n|$ von C_n als Periode. (1) ist mit $0 P_k = 00\ldots 0$ ($k > n$) gleichbedeutend.

Beispiel 2.2. Gibt es ein $n > 0$ mit

$$0 P_k = 010\ldots 10 \quad (k > n),$$

so ist

$$\eta = (0 P_{n+1}) \times (0 P_{n+2}) \times \cdots = 010101\ldots,$$

und mit $C_n = A \times (0P_1) \times \cdots \times (0P_n)$ gilt

$$\omega = C_n C_n^1 C_n C_n^1 \ldots,$$

es tritt also $2|C_n|$ als Periode auf.
Wir zeigen nun, daß dies die einzigen Beispiele sind.

Satz 2.3: *Ist die Folge*

$$\omega = A \times (0P_1) \times (0P_2) \times \cdots$$

periodisch, so tritt einer der folgenden Fälle ein:

1) *Es gibt ein* $n_0 > 0$ *mit*

   $0P_k = 010\ldots10 \quad (k > n_0).$

2) *Es gibt ein* $n_0 > 0$ *mit*

   $0P_k = 00\ldots0 \quad (k > n_0).$

Beweis: Indem wir notfalls A durch A^1 ersetzen, d.h. ω komponentenweise spiegeln, können wir annehmen, daß ω mit 0 beginnt. Sei s die kleinste positive Periode von ω und $B = b_0 \ldots b_{s-1}$ derart, daß

$$\omega = BB\ldots.$$

Für jedes n setzen wir

$$C_n = A \times (0P_1) \times \cdots \times (0P_n).$$

Fall I: Es gibt ein n, für welches $|C_n|$ durch $|B|$ teilbar ist. – Dann hat C_n die Form $C_n = BB\ldots B$, und es bleibt der Folge $(0P_{n+1}) \times (0P_{n+2}) \times \cdots$, nach deren Kommando ja $\omega = BB\ldots$ aus Blöcken C_n und C_n^1 zusammengesetzt wird, nur die Möglichkeit

$$(0P_{n+1}) \times (0P_{n+2}) \times \cdots = 000\ldots,$$

was auf $0P_k = 00\ldots 0 \, (k > n)$, also die Aussage 1) unseres Satzes hinausläuft.

Fall II: Es gibt kein n derart, daß $|C_n|$ durch $|B|$ teilbar ist. – Wenn wir $(0P_{n+1}) \times (0P_{n+2}) \times \cdots = \eta = \eta_0 \eta_1 \eta_2 \ldots = 0\eta_1\eta_2\ldots$ schreiben, erhalten wir für ω die beiden Darstellungen

$$\omega = C_n C_n^{\eta_1} \ldots$$
$$\omega = BBB\ldots,$$

wobei die Nahtstelle zwischen C_n und $C_n^{\eta_1}$ durch ein B überlappt wird; ist n so groß, daß $|C_n| > 2|B|$ gilt, so kann man die Situation schematisch so darstellen:

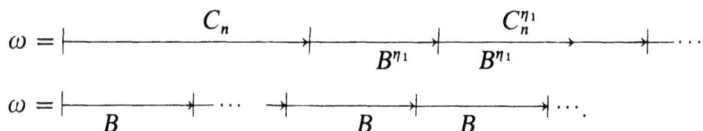

Nun beachte man, daß $C_n^{\eta_1}$ ja selbst mit $B^{\eta_1} B^{\eta_1}$ beginnt. Wir unterscheiden zwei Unterfälle:

Unterfall A: $\eta_1 = 0$. – Dann zeigt das obige Schema, daß man $\omega = BB...$ durch eine Verschiebung um weniger als $|B|$ in $BB...$, d.h. in sich selbst überführen kann, im Widerspruch zur Minimalität der Periode $|B|$.

Unterfall B: $\eta_1 = 1$. – Dann zeigt das obige Schema, daß man $\omega = BB...$ durch eine Verschiebung um ein gewisses $r < |B|$ in $B^1 B^1 ... = \omega^1$, also durch Verschiebung um $2r < 2|B|$ in sich selbst überführen kann. Aus der Minimalität der Periode $|B|$ entnimmt man sofort $r = \dfrac{|B|}{2}$ und damit

$$C_n C_n^1 = BB...B,$$

woraus

$$\omega = C_n C_n^1 C_n C_n^1 ...,$$

d.h.

$$\eta = 0101...$$

folgt. Dies ist nur mit $0 P_k = 010...10$ ($k > n$) zu vereinbaren, was auf die Aussage 2) unseres Satzes hinausläuft.

Anmerkung: Aus Satz 2.3 folgt, daß die meisten Kakutani-Folgen nichtperiodisch sind. Es gibt deren kontinuierlich-viele.

Aus Satz 2.3 entnimmt man z.B., daß die Morse-Folge und die ternäre Keane-Folge nicht periodisch sind. Die Morse-Folge hat sogar noch eine besonders scharfe Aperiodizitätseigenschaft:

Satz 2.4: (HEDLUND-MORSE [3]). *Ist $D = d_0 ... d_{r-1}$ ein beliebiger 0-1-Block, so kommt der Block $DD d_0 = d_0 ... d_{r-1} d_0 ... d_{r-1} d_0$ in der Morse-Folge*

$$\omega = 01101001... = (01) \times (01) \times (01) \times \cdots$$

nicht vor.

Anmerkung: In der Morse-Folge kommt zwar die einmalige Wiederholung DD von beliebig langen Blöcken D vor: man kann

z. B. $D = (01) \times \cdots \times (01)$ (mit beliebig vielen Faktoren) wählen und hat dann

$$\omega = D \times (01) \times (01) \times \cdots$$
$$= D \times \omega$$
$$= DD^1 D^1 DD^1 DDD^1 \ldots.$$

Dagegen ist nach dem obigen Satz jeder Ansatz zu einer weiteren Wiederholung ausgeschlossen. – Eine gewisse *Schach-Stop-Regel* schreibt vor, die Partie abzubrechen, wenn sich eine Stellungsfolge unmittelbar wiederholt und eine weitere Wiederholung begonnen hat (dies entspricht nicht der internationalen Regel, die mehr auf die spezielle Struktur des Schach eingeht, vgl. etwa BONSDORFF-FABEL-RIIHIMAA [1]). Überträgt man diese Regel auf 0-1-Folgen, so kann man sagen: Die Morse-Folge ist mit dieser Schach-Stop-Regel nicht aufzuhalten.

Beweis von Satz 2.4: Wir zeigen zunächst, daß DDd_0 im Falle daß die Länge r von D *ungerade* ist, in ω nicht auftreten kann. Für $r = 1$ ist das klar: Hier ist $D = d_0 d_0 d_0 = 000$ oder $= 111$; diese beiden Blöcke kommen aber in ω nicht vor, denn jeder in ω vorkommende Block der Länge 3 enthält einen in ω an gerader Stelle vorkommenden Block der Länge 2, also 01 oder 10.

Für $r > 1$ ist $r \geq 3$, also $|DDd_0| \geq 7$. Nun beachte man, daß ω sich wegen $\omega = (0110) \times (01101001\ldots)$ aus Blöcken 0110, 1001 zusammensetzt, die also in ω an den Stellen $4k$ ($k = 0, 1, \ldots$) auftreten. Jeder in ω auftretende Block der Länge 7 umspannt daher einen dieser Blöcke 0110, 1001 vollständig. Tritt also der Block DDd_0 in ω auf, so enthält er einen der Blöcke 00 oder 11. Wir erledigen nur den Fall mit 00, mit 11 wird man ebenso fertig. 00 kann in DDd_0 im linken D, im rechten Dd_0, oder die Grenze zwischen dem linken D und dem rechten Dd_0 überdeckend vorkommen. Da aber Dd_0 mit d_0 beginnt, kommt 00 jedenfalls im rechten Dd_0 vor, damit aber auch in um $|D|$ nach links verschobener Position. Also tritt 00 in ω in zwei um eine ungerade Zahl versetzten Positionen auf:

$$\begin{array}{ccc} d_0 & d_0 & d_0 \\ \vdash\!\!\!\!\!\!\!\!\!\!\!\!\!\!\!\!-\!\!\!-\!\!\!-\!\!\!-\!\!\!-\!\!\!-\!\!\!-\!\!\!-\!\!\!-\!\!\!-\!\!\!\rightarrow & & \\ & 00 & 00 \end{array}$$

Eine von diesen ist gerade. Wegen $\omega = (01) \times (01101001\ldots)$ kommt an geraden Stellen aber nur 01 oder 10 vor, womit ein Widerspruch erreicht ist.

Nun sei $r = |D| > 1$ *gerade*. Angenommen, $DDd_0 = d_0 \ldots d_{r-1} d_0 \ldots$ $d_{r-1} d_0$ kommt in ω an der Stelle t vor.

Fall I: t ist *ungerade*.

Dann ist $t>0$, und $t-1$ ist gerade. Dort steht also 01 oder 10. Aus Symmetriegründen genügt es, sich mit 01 zu befassen. Dann haben wir $d_0 = 1$. $t+r-1 = (t-1)+r$ ist als Summe zweier gerader Zahlen wieder gerade. Dort steht also wieder 01 oder 10, andererseits aber auch $d_{r-1}d_0$ mit $d_0 = 1$. Also ist $d_{r-1} = 0$, und 01 steht in $t+r-1$.

Ebenso sieht man, daß in $t+2r-1$ (wieder gerade!) wieder 01 steht. Also kommt

$DDd_0 = 1\,d_1\ldots 01\,d_1\ldots 01$

in ω unmittelbar hinter einer 0 vor: ω enthält

$0DDd_0 = 01\,d_1,\ldots 01\,d_1\ldots 01$

an der *geraden* Stelle $t-1$. Dieser Block setzt sich somit aus $2\,\dfrac{r}{2}+1$ Blöcken 01 und 10 zusammen, er läßt sich also auch

$0DDd_0 = E_0 \ldots E_{r/2} E_0 \ldots E_{r/2} E_0$

mit $E_0 = 01$ und $E_j = 01$ oder 10 schreiben.

Benützt man die Darstellung $\omega = (01) \times (01101001\ldots)$ sozusagen rückwärts, so folgt: In ω gibt es einen Block $D_0 D_0 e_0 = e_0 \ldots e_{r/2} e_0 \ldots e_{r/2} e_0$ mit

$e_j = \begin{cases} 0 & \text{wenn } E_j = 01, \\ 1 & \text{wenn } E_j = 10. \end{cases}$

Es ist also $|D_0| = \dfrac{r}{2} + 1$.

Fall II: t ist *gerade*.

Dann ist $d_0 d_1 = 01$ oder 10. Aus Symmetriegründen brauchen wir uns nur mit dem Fall $d_0 d_1 = 01$ zu befassen. Wie in Fall I schließt man auf

$DDd_0 = 01\ldots d_{r-1} 01\ldots d_{r-1} 0$.

An der geraden Stelle $t+2r$ steht 01 oder 10. Da dort das Endglied 0 von DDd_0 steht, kommt nur 01 in Frage. ω enthält also

$DDd_0 1 = 01\ldots d_{n-1} 01\ldots d_{n-1} 01$

an der geraden Stelle t und somit nach dem oben schon angewendeten Schluß auch einen Block $D_0 D_0 e_0 = e_0 \ldots e_{r/2} e_0 \ldots e_{r/2} e_0$ mit $e_0 = 0$. Wiederum haben wir $|D_0| = \dfrac{r}{2} + 1$.

Sowohl bei I wie bei II ergibt sich eine Reduktion von r auf $\frac{r}{2}+1$. Kommt man bei wiederholter Anwendung einmal auf ein ungerades r, so ist man nach Früherem fertig. Ist man bis auf $r=4$ heruntergekommen, ohne daß dies eingetreten wäre, so führt der nächste Schritt auf $r=3$, also einen bereits erledigten Fall. Damit ist alles bewiesen.

§ 3. Fastperiodizität

Obwohl die 01-Folgen der Form

(1) $$\omega = A \times (0\,P_1) \times \cdots$$

wie wir in § 2 gesehen haben nur in genau beschriebenen Ausnahmefällen periodisch sind, fügen sie sich doch alle einem Begriff, der auf den ersten Blick nur wenig allgemeiner zu sein scheint.

Definition 3.1: 1) *Eine Menge* $M \subseteq Z^+ = \{0, 1, \ldots\}$ *heißt dicht, wenn es ein* $L > 0$ *gibt, derart, daß unter* L *aufeinanderfolgenden Zahlen aus* Z^+ *stets mindestens eine zu* M *gehört*

$$M \cap \{s, s+1, \ldots, s+L-1\} \neq \emptyset \quad (s = 0, 1, \ldots).$$

2) *Eine Folge* $\omega = \omega_0 \omega_1 \ldots \in \Omega$ *heißt fastperiodisch, wenn jeder in* ω *auftretende Block sogar dicht auftritt: Ist* B *ein 0-1-Block, so ist die Menge*

$$\{t \mid t \geq 0, 1_B(\omega\,T^t) = 1\} \subseteq Z^+$$

dicht oder leer.

Eine periodische Folge ist natürlich fastperiodisch. Es gilt aber sogar der

Satz 3.2: *Jede Folge der Form*

$$\omega = A \times (0\,P_1) \times \cdots$$

ist fastperiodisch.

Beweis: Ist sie nicht periodisch, so gibt es (vgl. die Beispiele 2.1 und 2.2) zu jedem $n > 0$ ein $j > 0$, derart, daß im Block

$$(0\,P_{n+1}) \times \cdots \times (0\,P_{n+j})$$

mindestens ein Symbol 1 (außer mindestens einer 0) auftritt. Setzt man also allgemein

$$A \times (0P_1) \times \cdots \times (0P_r) = C_r \quad (r = 1, 2, \ldots),$$

so kommt in C_{n+j} sowohl C_n als auch C_n^1 vor, und dasselbe gilt dann natürlich auch für C_{n+j}^1. Nun entsteht aber ω durch Aneinanderfügen von Blöcken C_{n+j} und C_{n+j}^1. Damit folgt etwa für $L = 2|C_{n+j}|$: Jeder Block $\omega_s \omega_{s+1} \ldots \omega_{s+L-1}$ enthält C_n.

Sei nun B ein beliebiger 0-1-Block, der in ω auftritt. Dann tritt er für passendes n bereits in C_n auf. Die obige Betrachtung lehrt, daß

$$\{t \mid 1_B(\omega T^t) = 1\} \cap \{s, s+1, \ldots, s+L-1\} \neq \emptyset \quad (s = 0, 1, \ldots)$$

gilt, womit alles gezeigt ist.

Die kontinuierlich-vielen nicht-periodischen Folgen der Form (1), die es nach Satz 2.3 gibt, liefern also Beispiele nicht-periodischer fast-periodischer Folgen.

§ 4. Mittelwert-Eigenschaften

Wir beschäftigen uns nun mit der *relativen Häufigkeit* des Auftretens von Blöcken in unseren unendlichen Produkt-Folgen. Hier zeigt sich die Zweckmäßigkeit der Schreibweise mit shift und *Indikatorfunktionen* besonders: Man kann die letzteren zum Zählen verwenden.

1. Allgemeines

Definition 4.1: *Sei*

$$\omega = \omega_0 \omega_1 \ldots$$

eine beliebige 0-1-Folge und B ein beliebiger 0-1-Block.

1)
$$\frac{1}{t} \sum_{u=0}^{t-1} 1_B(\omega T^{s+u})$$

heißt die relative Häufigkeit des Auftretens des Blocks B in ω von s bis $s + t - 1$.

2) *Man sagt, B sei Cesàro in der Folge ω, wenn*

$$\overline{1}_B(\omega) \underset{\text{def}}{=} \lim_t \frac{1}{t} \sum_{u=0}^{t-1} 1_B(\omega T^u)$$

existiert. Man nennt $\overline{1}_B(\omega)$ dann die mittlere Häufigkeit von B in ω.

3) *Man sagt, B sei gleichmäßig Cesàro in ω, wenn*

$$\bar{1}_B(\omega) = \lim_t \frac{1}{t} \sum_{u=0}^{t-1} 1_B(\omega T^{s+u})$$

gleichmäßig in $s = 0, 1, \ldots$ *eintritt.*

4) *Man sagt, ω sei Cesàro, wenn jeder Block in ω Cesàro ist, und gleichmäßig Cesàro, wenn jeder Block in ω gleichmäßig Cesàro ist.*

Periodische Folgen sind trivialerweise gleichmäßig Cesàro.
Ein einfaches Resultat über fastperiodische Folgen enthält der

Satz 4.2: *Ist $\omega = \omega_0 \omega_1 \ldots$ fastperiodisch und kommt der Block B in ω vor, so ist*

$$\liminf_t \left[\inf_{s \geq 0} \frac{1}{t} \sum_{u=0}^{t-1} 1_B(\omega T^{s+u}) \right] > 0.$$

Ist insbesondere B Cesàro in ω, so folgt

$$\bar{1}_B(\omega) > 0,$$

Beweis: Es gibt ein $L > 0$, derart, daß für jedes $s \geq 0$ mindestens eine der L Zahlen

$$1_B(\omega T^s), \ldots, 1_B(\omega T^{s+L-1})$$

gleich 1 ist. Daher gilt

$$\inf_{s \geq 0} \frac{1}{L} \sum_{u=0}^{L-1} 1_B(\omega T^{s+u}) \geq \frac{1}{L}.$$

Ist nun $t > L$, so zerlege man die Serie

$$1_B(\omega T^s), \ldots, 1_B(\omega T^{s+t-1})$$

in k Abschnitte der Länge L und einen Rest der Länge $r < L$. Es folgt $t = kL + r$ und

$$\frac{1}{t} \sum_{u=0}^{t-1} 1_B(\omega T^{s+u}) \geq \frac{kL}{kL+r} \frac{1}{L} - \frac{r}{t}.$$

Für $t \to \infty$ geht $k \to \infty$, während r beschränkt bleibt. So folgt

$$\liminf_t \left[\inf_{s \geq 0} \frac{1}{t} \sum_{u=0}^{t-1} 1_B(\omega T^{s+u}) \right] \geq \frac{1}{L}.$$

2. Relative Häufigkeit von Nullen und Einsen

Wir stellen die Theorie der relativen Häufigkeit von beliebigen Blöcken noch etwas zurück und befassen uns zunächst nur mit relativen Häufigkeiten von Nullen und Einsen.

Für beliebige Blöcke $A = a_0 \ldots a_{m-1}$ ist

$$\rho_1(A) = \frac{1}{m} \sum_{k=0}^{m-1} a_k$$

die *relative Häufigkeit der Einsen in A* und

$$\rho_0(A) = \frac{1}{m} \sum_{k=0}^{m-1} (1 - a_k) = 1 - \rho_1(A)$$

die relative Häufigkeit der Nullen. Diese Ausdrücke gehorchen nun den einfachen Formeln

(1) $\quad \rho_0(A \times B) = \rho_0(A)\rho_0(B) + \rho_1(A)\rho_1(B)$,
(2) $\quad \rho_1(A \times B) = \rho_1(A)\rho_0(B) + \rho_0(A)\rho_1(B)$
$\hfill (A, B \text{ beliebige Blöcke}).$

Zum Beweis zählt man die Nullen in $A \times B$:

Ist $B = b_0 \ldots b_{n-1}$, also $A \times B = A^{b_0} \ldots A^{b_{n-1}}$, so liefert A^{b_k} im Fall $b_k = 0$ soviele Nullen wie A Nullen hat, im Falle $b_k = 1$ soviele Nullen, wie A Einsen hat. Division der Summe durch die Blocklänge $|A \times B| = mn$ liefert (1). Analog wird (2) bewiesen.

Jede relative Häufigkeit liegt zwischen 0 und 1, ihre Abweichung von $\frac{1}{2}$ also absolut genommen zwischen 0 und $\frac{1}{2}$. Bilden wir allgemein

$$\delta(A) = 2(\tfrac{1}{2} - \rho_0(A))$$

so folgt

$$\delta(A) = -2(\tfrac{1}{2} - \rho_1(A))$$

und $|\delta(A)| \leq 1$. Wir beweisen nun die allgemeine Formel

(3) $\qquad \delta(A \times B) = -\delta(A)\delta(B)$
$\hfill (A, B \text{ beliebige Blöcke}).$

In der Tat gilt

$$\begin{aligned}
\delta(A \times B) &= 2(\tfrac{1}{2} - \rho_0(A \times B)) \\
&= 2(\tfrac{1}{2} - \rho_0(A)\rho_0(B) - \rho_1(A)\rho_1(B)) \\
&= 1 - 2\rho_0(A)\rho_0(B) - 2(1 - \rho_0(A))(1 - \rho_0(B)) \\
&= -1 + 2\rho_0(A) + 2\rho_0(B) - 4\rho_0(A)\rho_0(B) \\
&= -(1 - 2\rho_0(A))(1 - 2\rho_0(B)) \\
&= -\delta(A)\delta(B).
\end{aligned}$$

Nun erhalten wir ganz leicht das

Beispiel 4.3 einer Folge $A \times (0P_1) \times (0P_2) \times \cdots$. in der 0 und 1 nicht Cesáro sind: Man wähle $A = 0$ und sorge für

(4) $$\prod_{k=1}^{\infty} |\delta(0P_k)| > 0,$$

indem man etwa für Konvergenz von

$$\sum_{k=1}^{\infty} \rho_0(0P_k)$$

und $\delta(0P_k) \neq 0$ $(k=1,2,\ldots)$ sorgt. Das kann geschehen, indem man etwa

$$P_k = \underbrace{1,\ldots 1}_{2^k - 1}$$

setzt. Dann ist nämlich $\rho_0(0P_k) = \dfrac{1}{2^k}$ und $\delta(0P_k) = 2(\tfrac{1}{2} - \rho_0(0P_k))$ $= 1 - \dfrac{1}{2^{k-1}}$.

Aus (4) folgt

$$\lim_{n \to \infty} |\delta(0 \times (0P_1) \times \cdots \times (0P_n))| = 2\delta > 0$$

also, mit

$$\omega = 0 \times (0P_1) \times \cdots = \omega_0 \omega_1 \ldots$$

und $r_n = |0 \times (0P_1) \times \cdots \times (0P_n)|$

$$\rho_0(\omega_0 \ldots \omega_{r_n - 1}) \begin{cases} \tfrac{1}{2} + \delta & \text{für gerade } n, \\ \tfrac{1}{2} - \delta & \text{für ungerade } n, \end{cases}$$

so daß 0 in ω nicht Cesáro sein kann.

Damit haben wir insbesondere *Beispiele für fastperiodische Folgen, in denen 0 und 1 nicht Cesáro sind.*

Es gilt der

Satz 4.4: *In einer Folge*

$$\omega = A \times (0P_1) \times (0P_2) \times \cdots$$

ist 0 *genau dann Cesàro mit*
$$\bar{1}_0(\omega) = \tfrac{1}{2},$$
wenn einer der folgenden Fälle eintritt:

1) *Es gilt*
$$\rho_0(A) = \tfrac{1}{2},$$
oder es gibt ein n_0 *mit*
$$\rho_0(0 P_{n_0}) = \tfrac{1}{2}.$$

2) $\sum_{k=1}^{\infty} \min[\rho_0(0 P_k), \rho_1(0 P_k)] = \infty$.

Ist dies der Fall, so ist 0 *auch gleichmäßig Cesàro in* ω.

Beweis: Wir setzen zur Abkürzung
$$C_n = A \times (0 P_1) \times \cdots \times (0 P_n).$$
Ist 0 Cesàro in ω mit $\bar{1}_0(\omega) = \tfrac{1}{2}$ und 1) nicht erfüllt, so ist
$$0 \neq \delta(C_n) \to 0.$$
Wegen
$$|\delta(C_n)| = |\delta(A)| \prod_{k=1}^{n} |\delta(0 P_k)|$$
muß dann nach einem bekannten Kriterium
$$\sum_{k=1}^{\infty} (1 - |\delta(0 P_k)|) = \infty$$
sein. Nun ist aber
$$|\delta(0 P_k)| = |1 - 2 \rho_0(0 P_k)|$$
$$= \begin{cases} 1 - 2 \rho_0(0 P_k), & \text{wenn } \rho_0(0 P_k) \leq \tfrac{1}{2}, \\ 2 \rho_0(0 P_k) - 1 = 1 - 2 \rho_1(0 P_k), & \text{wenn } \rho_0(0 P_k) \geq \tfrac{1}{2}, \end{cases}$$
$$= 1 - 2 \min[\rho_0(0 P_k), \rho_1(0 P_k)].$$
Also folgt 2). Umgekehrt: Gilt 1), so ist $\delta(C_n) = 0$ für hinreichend große n. Gilt 2), so folgt immerhin noch
(5) $$\delta(C_n) \to 0;$$
man hat dazu nur den vorangehenden Schluß umzukehren. Aus (5) folgt nun: 0 ist gleichmäßig Cesàro in ω mit $\bar{1}_0(\omega) = \tfrac{1}{2}$. Eine Skizze des Beweises möge genügen: Für jedes n ist $\omega = C_n \times (0 P_{n+1}) \times \cdots$

aus Blöcken C_n und C_n^1 zusammengesetzt. Ist t hinreichend groß, so kann man jeden Ausschnitt

$$\omega_s \omega_{s+1} \ldots \omega_{s+t-1}$$

der Länge t von ω aus k kompletten Blöcken C_n und C_n^1 sowie zwei „Restblöcken" (am rechten und linken Ende) zusammensetzen, wobei die Restblöcke zusammen eine Länge $r \leq 2|C_n|$ haben. Mit $|C_n| = r_n$ erhält man daher $t = k r_n + r$ und

$$|\rho_0(\omega_s \ldots \omega_{s+t-1}) - \tfrac{1}{2}| \leq \frac{k r_n}{k r_n + r} |\rho_0(C_n) - \tfrac{1}{2}| + \frac{2 r_n}{t}.$$

Für $t \to \infty$ geht $k \to \infty$, und man erhält

$$\limsup_t \left[\sup_{s \geq 0} |\rho_0(\omega_s \ldots \omega_{s+t-1}) - \tfrac{1}{2}| \right] \leq |\rho_0(C_n) - \tfrac{1}{2}| = 2|\delta(C_n)|.$$

Aus (5) folgt nun die Behauptung.

3. Relative Häufigkeit beliebiger Blöcke

Beschäftigt man sich mit relativen Häufigkeiten beliebiger Blöcke B mit $|B| > 1$, so kann man wegen möglicher „Überlappungen" nicht so leicht von relativen Häufigkeiten in $\omega = A \times (0 P_1) \times \cdots$ zusammensetzenden Blöcken auf relative Häufigkeiten in beliebigen Ausschnitten von ω schließen. Die benötigten Zusatzbetrachtungen sind jedoch rein technischer Natur.

Satz 4.5: *Kann man die Folge*

$$\omega = \omega_0 \omega_1 \ldots$$

für jedes $r > 0$ in der Form

$$\omega = C \times \eta$$

schreiben, derart, daß

1) $|C| \geq r$,

2) 0 *ist gleichmäßig Cesáro in* $\eta = \eta_0 \eta_1 \ldots$ *mit*

$$\bar{1}_0(\eta) = \tfrac{1}{2}$$

gilt, so ist ω gleichmäßig Cesáro, und für jeden Block B gilt

$$\bar{1}_B(\omega) = \bar{1}_{B^1}(\omega).$$

Beweis: Wir begnügen uns mit einer Skizze. Sei B ein beliebiger Block und $|B|=m$. Zu gegebenem $\varepsilon>0$ wählen wir r so groß, daß $\frac{m}{r}<\varepsilon$ gilt und bestimmen dann C mit $|C|\geq r$ gemäß unserer Voraussetzung. Indem wir r notfalls etwas vergrößern, können wir $|C|=r$ annehmen.

Nun beachte man

$$\omega = C^{\eta_0} C^{\eta_1} \ldots .$$

Für $t \geq 3r$ und beliebiges $s \geq 0$ kann man

$$\omega_s \omega_{s+1} \ldots \omega_{s+t-1}$$

in der Form

$$R C^{\eta_u} C^{\eta_{u+1}} \ldots C^{\eta_{u+v-1}} S$$

mit passenden $R, u \geq 0, v > 0, S$ und $|R|, |S| \leq r$ darstellen. Mit $t \to \infty$ geht $v \to \infty$. Für hinreichend großes t ist

$$|\rho_0(\eta_u \eta_{u+1} \ldots \eta_{u+v-1}) - \tfrac{1}{2}| < \varepsilon$$

gleichmäßig für alle s (d. h. alle u).

Nun komme B in C in genau b_0 Positionen und in C_1 in genau b_1 Positionen vor. Unter den $C^{\eta_u}, \ldots, C^{\eta_{u+v-1}}$ sind genau $v \rho_0(\eta_u \ldots \eta_{u+v-1})$ Blöcke C und $v(1-\rho_0(\eta_u \ldots \eta_{u+v-1}))$ Blöcke C^1. Also kommt B in ω in mindestens $b_0 v \rho_0(\eta_u \ldots \eta_{u+v-1}) + b_1 v(\rho_1(\eta_u \ldots \eta_{u+v-1}))$ unter den Positionen $s, s+1, \ldots s+t-1$ vor, nämlich so, daß B sich jedesmal einem der $C^{\eta_u}, \ldots, C^{\eta_{u+v-1}}$ einfügt. Außerdem kann B höchstens m-mal bei jeder Grenze zweier benachbarter C^{η_k} so vorkommen, daß B die Grenze überlappt; dazu kommen höchstens $|R|+|S|+m \leq 2r$ weitere Möglichkeiten am Anfang und am Ende. Wir erhalten damit die Abschätzungen

$$\frac{b_0 v \rho_0(\eta_u \ldots \eta_{u+v-1}) + b_1 v \rho_1(\eta_u \ldots \eta_{u+v-1})}{t}$$

$$\leq \frac{1}{t} \sum_{k=0}^{t-1} 1_B(\omega T^{s+w})$$

$$\leq \frac{b_0 v \rho_0(\eta_u \ldots \eta_{u+v-1}) + b_1 v \rho_1(\eta_u \ldots \eta_{u+v-1}) + mv + 2r}{t}.$$

Nun beachte man

$$t = |R| + rv + |S|, \quad |R|+|S| < 2r.$$

Man findet: Das linke Endglied unserer Abschätzung verhält sich asymptotisch für $t \to \infty$ wie

$$\frac{b_0 \rho_0(\eta_u \ldots \eta_{u+v-1}) + (b_1 \rho_1(\eta_u \ldots \eta_{u+v-1}))}{r} \approx \frac{b_0 + b_1}{2r}$$

und das rechte wie

$$\frac{b_0 + b_1}{2r} + \frac{m}{r}.$$

Da $\frac{m}{r} < \varepsilon$ ist und diese Aussagen gleichmäßig in s gelten, ist der Beweis fertig.

Als Folgerung aus Satz 4.4 und Satz 4.5 erhalten wir

Satz 4.6: *Die Folge*

$$\omega = A \times (0 P_1) \times \cdots.$$

ist sicher dann gleichmäßig Cesàro mit

$$\overline{I}_B(\omega) = \overline{I}_{B^1}(\omega) \quad (B \text{ beliebig}),$$

wenn für jedes n einer der folgenden Fälle eintritt:

1) *Es gibt beliebig große $n > 0$ mit*

$$\rho_0(0 P_n) = \tfrac{1}{2},$$

2) $\sum_{k=1}^{\infty} \min[\rho_0(0 P_k), \rho_1(0 P_k)] = \infty.$

Man sieht nun ohne weiteres: Die Morse-Folge, jede Kakutani-Folge und die ternäre Keane-Folge erfüllen die Bedingung von Satz 4.6.

Insbesondere gilt für die ternäre Keane-Folge $\omega = 001001110\ldots$

$$\overline{I}_0(\omega) = \tfrac{1}{2} = \overline{I}_1(\omega),$$

ein Ergebnis, das vielleicht nicht jeder Leser erwartet hat.

§ 5. Periodizität

Obwohl beinahe alle unsere Folgen nicht periodisch im strengen Sinne sind, besitzen doch viele von ihnen Periodizitätseigenschaften etwas anderer Art.

Für die Morse-Folge
$$\omega = 0110100110010110\ldots$$
stellt man z. B. durch unmittelbare Anschauung fest, daß die Menge
$$F = [0110] + [1001] + [0101] + [1010]$$
die Eigenschaft
$$\omega T^t \in F \Leftrightarrow t \equiv 0 \bmod 2$$
hat. Ebenso ergibt sich für die Keane-Folge
$$\omega' = 001001110001001110110110001\ldots$$
und die Menge
$$F' = [001] + [110]$$
die Aussage
$$\omega' T^t \in F' \Leftrightarrow t \equiv 0 \bmod 3.$$
Dem Leser sei empfohlen, den Beweis einmal selbständig zu versuchen. Wir gehen sogleich zu einer allgemeinen Theorie über und beweisen zunächst

Satz 5.1: *Sei*
$$\omega = A \times (0P_1) \times (0P_2) \times \cdots$$
und, für irgendein $n \geq 0$,
$$C_n = A \times (0P_1) \times \cdots \times (0P_n).$$
Gibt es ein $j > 0$, *derart, daß im Block*
$$D = (0P_{n+1}) \times \cdots \times (0P_{n+j})$$
einer der Blöcke 001, 110, 011, 100 *vorkommt, so gilt für*
$$F = \sum_{|B| = 2|D|} [C_n \times B]$$
die Aussage
$$\omega T^t \in F \Leftrightarrow t \equiv 0 \bmod |C_n|.$$

Beweis: Da ω durch Nebeneinanderstellen von Blöcken C_n und C_n^1 entsteht, hat man in ω an jeder Stelle $t \equiv 0 \bmod |C_n|$ einen Block der Form $C_n \times B$ mit $|B| = 2|D|$. Aus $t \equiv 0 \bmod |C_n|$ folgt also $\omega T^t \in F$. Da ω durch Nebeneinanderstellen von Blöcken $C_n \times D$ und $C_n \times D^1$ entsteht, enthält jeder in ω auftretende Block der Form $C_n \times B$ mit $|B| = 2|D|$ einen der Blöcke $C_n C_n C_n^1, C_n^1 C_n^1 C_n, C_n C_n^1 C_n^1$,

$C_n^1 C_n C_n$ an irgendeiner Stelle. Genauer: Sei $|C_n|=r$ und $\omega T^t \in F$, etwa $\omega T^t \in [C_n \times B]$ mit passendem B, $|B|=2|D|$; wir schreiben

$$t = kr + s \quad \text{mit} \quad 0 \le s < r.$$

Es kommt dann etwa $C_n C_n C_n^1$ in ωT^{kr} an der Stelle ir mit $i < 2|D|-2$ vor. Andererseits kommt in $\omega T^t = \omega T^{kr} T^s$ an der Stelle ir einer der Blöcke $C_n^u C_n^v$ mit $u, v = 0$ oder 1 vor. Es folgt, daß in $C_n C_n C_n^1$ einer der Blöcke $C_n^u C_n^v$ an der Stelle s vorkommt.

Wäre $0 < s < r$, so könnte man so schließen:
C_n^u kommt in $C_n C_n$ an der Stelle s vor,
C_n^v kommt in $C_n C_n^1$ an der Stelle s vor.
Also sind
   a) die letzten $r-s$ Symbole von C_n,
      gleich den ersten $r-s$ Symbolen von C_n^u,
      gleich den ersten $r-s$ Symbolen von C_n^v,
      und somit $u = v$;
   b) die letzten s Symbole von C_n^u gleich
      den ersten s Symbolen von C_n,
      die letzten s Symbole von C_n^v gleich
      den ersten s Symbolen von C_n^1,
      und somit $u \ne v$.

Das ist ein Widerspruch, also folgt $s=0$, d.h. $t \equiv 0 \bmod |C_n|$. Analog könnte man unter Benützung von $C_n^1 C_n^1 C_n$, $C_n C_n^1 C_n^1$ oder $C_n^1 C_n C_n$ schließen. Damit ist alles gezeigt.

Satz 5.2: *Ist die Folge*

$$\omega = A \times (0 P_1) \times (0 P_2) \times \cdots$$

nicht periodisch, so gibt es zu jedem n,

$$C_n = A \times (0 P_1) \times \cdots \times (0 P_n),$$
$$r_n = |C_n|$$

eine Menge $F_n \subseteq \Omega$ mit

$$\omega T^t \in F \Leftrightarrow t \equiv 0 \bmod r_n.$$

F ist die Vereinigung von endlichvielen Zylindermengen, die mit jeder Folge auch die gespiegelte Folge enthält.

Beweis: Ist ω nicht periodisch, so ist die Folge $(0 P_{n+1}) \times (0 P_{n+2}) \times \cdots$ von jeder der Folgen $00\ldots$, $0101\ldots$ verschieden, enthält also einen der Blöcke 001, 110, 001, 100. Man kann daher Satz 5.1 mit hinreichend großem j anwenden.

Zur Übung wende man diese Sätze auf die Morse-Folge und die ternäre Keane-Folge an und vergleiche die Resultate mit den am Anfang des Paragraphen aufgestellten Behauptungen.

§ 6. Aufgaben

Als Training für den Leser formulieren wir einige Probleme, die sich an das Vorangehende anschließen und erst teilweise gelöst sind (vgl. KEANE [5]).

1. *Eindeutigkeit der Produktdarstellung:*
Wir nennen zwei Folgen

$$A, 0P_1, 0P_2, \ldots$$
$$B, 0Q_1, 0Q_2, \ldots$$

von Blöcken äquivalent, wenn es eine Folge

$$C, 0R_1, 0R_2, \ldots$$

sowie zwei Folgen $0 < m_0 < m_1 < \cdots$, $0 < n_0, n_1, \ldots$ von natürlichen Zahlen gibt, derart daß

$$A = C \times \cdots \times (0R_{m_0}), 0P_k = (0R_{m_{k-1}+1}) \times \cdots \times (0R_{m_k})$$
$$B = C \times \cdots \times (0R_{n_0}), 0Q_k = (0R_{n_{k-1}+1}) \times \cdots \times (0R_{n_k}) \quad (k=1,2,\ldots)$$

gilt, d.h. wenn sie aus einer dritten durch allenfalls verschiedene Klammerung und Ausmultiplikation der Klammern hervorgehen. Welche 0-1-Folgen ω besitzen zwei inäquivalente Darstellungen

$$A \times (0P_1) \times \cdots = \omega = B \times (0Q_1) \times \cdots ?$$

2. Man verallgemeinere Satz 2.4 auf eine größere Klasse von Folgen $\omega = A \times (0P_1) \times \cdots$.

3. Eine 0-1-Folge η heißt eine *Tochter* der 0-1-Folge ω, wenn sie „ihr ganzes genetisches Material von ω hat", d.h. wenn jeder in η vorkommende Block auch in ω vorkommt.

a) Man zeige: Eine Folge ω ist genau dann fastperiodisch, wenn sie ihre eigene Großmutter ist, u.z. über jede ihrer Töchter, d.h. wenn sie die Tochter jeder ihrer Töchter ist.

b) Man übertrage die gesamte Theorie der §§ 2–5 auf Töchter von Folgen der Form $A \times (0P_1) \times \cdots$. Es sind dabei geringe Modifikationen nötig. Man verfolge insbesondere, welche Eigenschaften beim Übergang zu Töchtern unverändert bleiben.

4. Man berechne für die Morse- und die ternäre Keane-Folge ω die relativen Häufigkeiten $1_B(\omega)$ spezieller Blöcke, z.B. $B = 00,01$.

5. Für Folgen der Form $\omega = \omega_0 \omega_1 \ldots = A \times (0P_1) \times \cdots$ und beliebige natürliche Zahlen $d > 0$ untersuche man die „Cesàro-Eigenschaften mod d", also z.B. Existenz und Wert von

$$\lim_{t \to \infty} \frac{1}{t} \sum_{u=0}^{t-1} 1_B(\omega T^{ud}),$$

oder für $\omega^{d,k} = \omega_k \omega_{k+d} \omega_{k+2d} \cdots$ Existenz und Wert von

$$\lim_{t \to \infty} \frac{1}{t} \sum_{u=0}^{t-1} 1_B(\omega^{d,k} T^u),$$

bei beliebiger Wahl des Blocks B.

6. Für Folgen der Form $A \times (0P_1) \times \cdots$ suche man *sämtliche* $r_n > 1$, zu denen es jeweils eine Menge $F \subseteq \Omega$ mit

$$\omega T^t \in F \Leftrightarrow t \equiv 0 \bmod r_n$$

gibt, zu bestimmen.

7. Für einen beliebigen 0-1-Block B definiere man

$r_{00}(B)$ als den g.g.T. (größten gemeinsamen Teiler) aller Stellen, an denen B oder B^1 in BB vorkommt;

$r_{01}(B)$ als den g.g.T. aller Stellen, an denen B oder B^1 in BB^1 vorkommt;

$r(B)$ als den g.g.T. von $r_{00}(B)$ und $r_{01}(B)$.

Ein Block mit $r_{01}(B) = |B|$ heiße *halbstarr*, ein Block mit $r(B) = |B|$ heiße *starr*.

a) Man gebe Beispiele für halbstarre und starre Blöcke an.

b) Wieviel % aller Blöcke gegebener Länge sind halbstarr bzw. starr?

c) Man modifiziere Satz 5.1. für den Fall, daß halbstarre oder starre Blöcke auftreten.

d) Man zeige:

$B \times C$ halbstarr $\Leftrightarrow C$ halbstarr,

$B \times C$ starr $\Leftrightarrow C$ starr.

e) Man drücke $r_{00}(B \times C)$, $r_{01}(B \times C)$, $r(B \times C)$ durch $r_{00}(B)$, $r_{00}(C)$, $r_{01}(B)$, $r_{01}(C)$, $r(B)$, $r(C)$, $|B|$, $|C|$ aus.

f) Man zeige: B kommt in einem der Blöcke $B^u B^v$ ($u, v = 0$ oder 1) an der Stelle $r(B)$ vor. Die in den $B^u B^v$ an Stellen $kr(B)$ vorkommenden Blöcke kommen in allen $B^u B^v$ nur an Stellen $kr(B)$ vor.

8. Man interpretiere die bisher benützte Symbolmenge $\{0,1\}$ als zyklische Gruppe der Ordnung 2 und schreibe die Block-Algebra mittels der Gruppenverknüpfung hin. Man verallgemeinere die gesamte Theorie auf endliche, evtl. sogar auf kompakte Gruppen.

Literatur

[1] BONSDORFF-FABEL-RIIHIMAA: Schach und Zahl, Düsseldorf 1966.
[2] COXETER, H. S. M.: Unvergängliche Geometrie, Basel–Stuttgart (Birkhäuser) 1963.
[3] HEDLUND, G., and M. MORSE: Unending chess, symbolic dynamics and a problem in semi-groups, Duke Math. J. **11**, 1–7 (1944).
[4] KAKUTANI, S.: Ergodic theory of shift transformations, Proc. V. Berkeley Symp. Prob. Stat., vol. II, part 2, 405–414 (1967).
[5] KEANE, M.: Morse-Folgen mit vorgegebenem rationalem Spektrum, 43. S., Diss. Univ. Erlangen–Nürnberg 1967.
[6] — Generalized Morse sequences, Zeitschr. f. Wahrscheinlichkeitstheorie u. verw. Geb., im Druck (1968).
[7] MORSE, M.: Recurrent geodesics on a surface of negative curvature, Trans. Amer. Math. Soc. **22**, 84–100 (1921).
[8] SPEISER, A.: Theorie der Gruppen von endlicher Ordnung, Basel–Stuttgart (Birkhäuser) 1956.
[9] THUE, A.: Über unendliche Zeichenreihen, Christiania Vidensk. Selsk. Skr. 1906 Nr. 7, 22 S. Lex. 8°.
[10] WEYL, H.: Symmetrie, Basel-Stuttgart (Birkhäuser) 1955.

Rot und Schwarz*

1965 erschien eines der aufregendsten wahrscheinlichkeitstheoretischen Bücher der letzten Jahre: "How to gamble if you must" von L. DUBINS und L. SAVAGE [1]. Hinter dem etwas verspielten Titel verbirgt sich ein mathematisch seriöser Gegenstand und eine harte Leistung der Verfasser. Sie haben bisher verstreute und z.T. Jahrzehnte zurückliegende Ansätze der Forschung systematisch zusammengefaßt und in ein bemerkenswertes Stück eigener Forschung eingebaut. Nüchterner läßt sich der Gegenstand durch den von DUBINS-SAVAGE gewählten Untertitel "inequalities for stochastic processes" umschreiben. Für den von mir hier verfolgten Zweck, an einem einigermaßen vollständig behandelten typischen Einzelproblem wesentliche Gedanken des genannten Buches vorzuführen, eignet sich jedoch die Welt des Glücksspiels – ohnehin durch das Interesse erlauchter Mathematiker salonfähig geworden – ganz gut als Kulisse. Denken wir uns also – auch dieser Vorschlag stammt von DUBINS-SAVAGE [1] – in folgende Situation hinein:

Angenommen, Sie stehen eines Abends in einer großen Stadt auf der Straße, eine DM in der Tasche. Aus irgendeinem Grund sind Sie gezwungen, jemandem am nächsten Morgen um 6 Uhr 1 000,- DM auf den Tisch zu zählen. Die Banken sind zu, alle Freunde unerreichbar, lediglich ein Spielcasino steht offen. Es ist klar, daß Sie mit Ihrer 1 DM in das Casino gehen und versuchen werden, sich die 1 000,- DM zu erspielen, wie gering auch die Wahrscheinlichkeit des Erfolges sein mag. Es ist intuitiv klar, daß Sie versuchen müssen, durch geschickte Strategie beim Spiel Ihre Erfolgsaussichten – seien sie absolut genommen auch winzig klein – doch so günstig wie möglich zu gestalten: Es geht um *strategische Optimierung*. Vielleicht leuchtet es auch ein, daß eine gewisse Waghalsigkeit u.U. nicht das Dümmste sein könnte.

Wir wollen dies Problem am Beispiel eines besonders einfach gebauten Casino-Typs, den man als „Rot und Schwarz" bezeichnet, vollständig behandeln. Die dabei benötigten wahrscheinlichkeitstheoretischen Überlegungen sind ganz einfach; man braucht, um

---

* Dieser Beitrag erscheint ebenso in: Mathematisch-physikalische Semesterberichte, Band 15, Heft 2, 188–212 (1968). Verlag Vandenhoeck & Ruprecht, Göttingen.

vom Folgenden das Mathematische zu verstehen, keine nennenswerte Vorbildung auf diesem Gebiet.

Ich werde daher in den § 1–3, die das Hauptresultat enthalten, nicht den vollen wahrscheinlichkeitstheoretischen Apparat auffahren, sondern mich, was die Wahrscheinlichkeiten betrifft, auf die Intuition bzw. das, was jeder schon einmal von Wahrscheinlichkeiten hat sagen hören, verlassen. In § 3 wird dann der Apparat auf möglichst anschauliche Weise nachgeholt.

Die hier vorgeführten Untersuchungen sind im wesentlichen aus Kap. 5 des Buches [1] entnommen und stammen in dieser Form von A. DVORETZKY.

§ 1. Die Spielregeln bei „Rot und Schwarz" Strategien und ihr Erfolg

Casinos vom Typ „Rot und Schwarz" arbeiten mit einem primitiven Zufallsmechanismus, der jedesmal

mit der Wahrscheinlichkeit p den Wert $+$ („Gewinn"),

mit der Gegenwahrscheinlichkeit $q = 1 - p$ den Wert $-$ („Verlust")

liefert; was er liefert, liefert er in statistisch unabhängiger Folge. Das bedeutet, daß z. B. die Ergebnisreihe

(1) $\quad\quad\quad\quad + + - + - - +$

mit der Wahrscheinlichkeit

$$p \cdot p \cdot q \cdot p \cdot q \cdot q \cdot p = p^4 q^3$$

entsteht; die hier befolgte Produktregel ist gerade der mathematische Ausdruck für die statistische Unabhängigkeit der Einzelergebnisse. Praktisch kann man so einen Mechanismus für $p = q = \frac{1}{2}$ durch Münzwurf, für andere p durch ein Roulette mit im Verhältnis $p : q$ geteilter Peripherie verwirklichen:

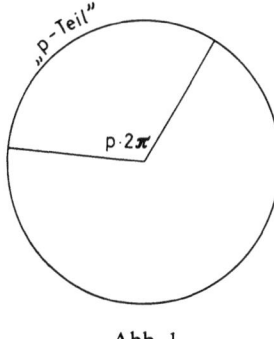

Abb. 1

Landet die Roulettekugel im „p-Teil", so verkündet der Apparat „+", sonst „–":

Zum Casino „Rot und Schwarz" gehört ferner eine Vorschrift über die Höhe der Einsätze und der Gewinnauszahlung:

1) Hat der Spieler gesetzt, so tritt der Zufallsmechanismus einmal in Tätigkeit. Ist das Ergebnis „–", so verfällt der Einsatz; ist das Ergebnis „+", so erhält der Spieler den Einsatz verdoppelt zurück.

2) Der Spieler darf bei jedem Spielgang soviel setzen, wie er gerade in der Tasche hat, auch weniger, aber nicht mehr.

Ein Spieler, der das Casino mit dem Geldbetrag $a>0$ betritt, kann beim 1. Spielgang jeden Einsatz e_1, der $0 \le e_1 \le a$ erfüllt, riskieren. Gewinnt er, so hat er danach den Betrag $a_1 = a + e_1$ in der Tasche und kann im 2. Spielgang jeden Betrag e_2, der $0 \le e_2 \le a_1 = a + e_1$ erfüllt setzen. Verliert er, so hat er noch $a_1 = a - e_1$ in der Tasche und kann im 2. Spielgang jeden Betrag e_2, der $0 \le e_2 \le a_1 = a - e_1$ erfüllt, einsetzen. Macht man den Einsatz 0, so bleibt die Barschaft vom Ergebnis des Spielgangs unberührt; es macht also insbesondere nichts aus, ob man zu spielen aufhört oder mit Einsatz 0 weiterspielt.

Für das in der Einleitung geschilderte Problem ist das Auftreten eines Zielbetrages charakteristisch. Er wurde dort mit 1000,- DM beziffert. Wir wollen ihn uns von nun an (durch Währungsänderung) auf 1 normiert denken.

Dem Spieler kommt es nur darauf an, ob er den Zielbetrag 1 erreicht oder nicht. Jeder Betrag <1 ist ihm gleichgültig, sowie das Spiel aus irgendeinem Grund beendet ist. Ebenso ist ihm jeder Überschuß über den Zielbetrag gleichgültig. Das einzige, was ihn interessiert, ist die *Wahrscheinlichkeit, den Zielbetrag 1 im Verlaufe des Spiels zu erreichen*, d. h. die *Erfolgswahrscheinlichkeit*. Sie will er mit Hilfe einer geschickten *Strategie*, die ihm in jeder Spielsituation den Einsatz vorschreibt, *maximieren*.

Um den elementaren Charakter unserer Untersuchung zu wahren, ist es nötig, die Anzahl der Spielgänge zu begrenzen. Wir denken uns also eine ganze Zahl $n=0,1,\ldots$ gewählt und stellen uns die Aufgabe, für jeden Wert $a \ge 0$ des Anfangskapitals durch geschickte Wahl einer Strategie σ den Wert

$P_n^\sigma(a) =$ Wahrscheinlichkeit, bei Befolgung der Strategie σ in n Spielgängen den Zielbetrag 1 zu erreichen

dem optimalen Wert

$$U_n(a) = \sup_\sigma P_n^\sigma(a)$$

möglichst nahezubringen und den Verlauf von $U_n(a)$ für $a \geq 0$ zu bestimmen.

Es wird sich zeigen, daß dies Problem durch Induktion nach n zu lösen ist. Aus diesem Grund, und um die Natur des Problems kennenzulernen, diskutieren wir zunächst die Fälle $n = 0, 1, 2$ vollständig durch.

$n = 0$. – Dieser Fall wurde nur der Abrundung wegen in die Theorie aufgenommen. Wenn kein Spielgang stattfindet, gibt keine Strategie dem Spieler eine andere Anweisung, als mit seinem Anfangskapital wieder nach Hause zu gehen. In diesem Fall hat man natürlich

$$P_n^\sigma(a) = U_0(a) = \begin{cases} 0 & \text{für} \quad 0 \leq a < 1 \\ 1 & \text{für} \quad a \geq 1. \end{cases}$$

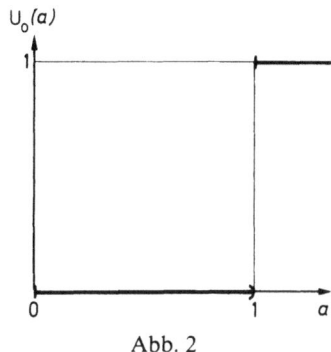

Abb. 2

$n = 1$. – Ein Spieler mit Anfangskapital a hat die Möglichkeit, in dem einzigen stattfindenden Spielgang, einen beliebigen Betrag e mit $0 \leq e \leq a$ zu setzen.

Ist $a \geq 1$, so braucht er nur $e = 0$ zu setzen und kann sicher sein, den Zielbetrag 1 zu haben:

$$P_1^\sigma(a) = U_1(a) = 1 \quad (a \geq 1)$$

bei Befolgung der soeben beschriebenen Strategie σ.

Ist $0 \leq a < 1$, so wird ein negativer Spielausgang bei keiner Strategie zum Ziel führen. Das einzige, was man versuchen kann, ist, durch geschickte Wahl der Strategie, d.h. des Einsatzes e in Abhängigkeit von a, dafür zu sorgen, daß man beim Spielausgang + mindestens den Zielwert 1 erreicht.

Ist $0 \le a < \frac{1}{2}$, so ist dies auf keine Weise möglich: Wegen $e \le a$ ist der erspielte Besitzstand $\le a + e \le 2a < 1$. Also folgt

$$P_2^\sigma(a) = U_1(a) = 0 \quad (0 \le a < \tfrac{1}{2}).$$

Ist $\frac{1}{2} \le a < 1$, also $1 - a \le a$, so genügt es, e mit $1 - a \le e \le a$ zu wählen, um beim Spielausgang $+$ den Besitzstand $a + e \ge a + (1 - a) = 1$ und damit den Zielbetrag 1 zu erreichen:

$$P_1^\sigma(a) = U_1(a) = p \quad (\tfrac{1}{2} \le a < 1)$$

denn p ist die Wahrscheinlichkeit für $+$.

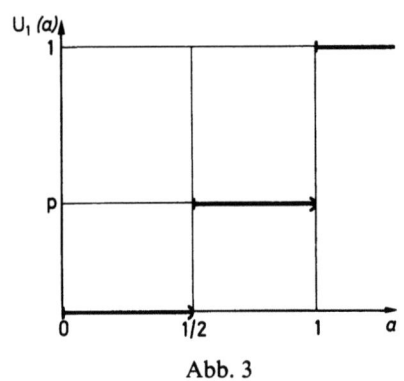

Abb. 3

$n = 2$. – Es kommen die Spielverläufe

$+\,+$ mit der Wahrscheinlichkeit p^2,
$+\,-$ mit der Wahrscheinlichkeit pq,
$-\,+$ mit der Wahrscheinlichkeit qp,
$-\,-$ mit der Wahrscheinlichkeit q^2

vor.

Ist $a \ge 1$, so braucht der Spieler nur in beiden Spielgängen 0 zu setzen, um bei jedem Spielverlauf sein Anfangskapital zu behalten und damit seinen Zielbetrag 1 zu erreichen:

$$P_2^\sigma(a) = U_2(a) = 1 \quad (a \ge 1)$$

bei Befolgung der oben beschriebenen Strategie σ.

Ist $0 \le a < 1$, so kann keine Strategie beim Spielverlauf $-\,-$ zum Zielbetrag 1 führen, da sich in diesem Fall das Anfangskapital höchstens erniedrigt. Es gilt also

$$P_2^\sigma(a) \le U_2(a) \le p^2 + pq + qp = p + qp \quad (0 \le a < 1)$$

für jede Strategie σ.

Bei der nun folgenden Diskussion ist zu beachten: $+\,-$ kann nur dann zum Erfolg führen, wenn bereits der 1. Spielgang zum Zielbetrag 1 geführt hat; $+\,+$ und $-\,+$ können nur dann zum Erfolg führen, wenn man nach dem 1. Spielgang im Besitz eines Betrages $a_1 \ge \frac{1}{2}$ war. Denn nur dann kann man im 2. Spielgang einen Einsatz $e_2 \ge 1 - a_1$ machen, der beim Ergebnis $+$ zum Zielbetrag 1 führt.

Ist $0 \le a < \frac{1}{4}$, so erreicht man selbst beim Spielverlauf $+\,+$ und vollem Einsatz in beiden Spielgängen

im 1. Spielgang $< \frac{1}{2}$,

im 2. Spielgang < 1;

also führt kein Spielverlauf bei irgendeiner Strategie zum Erfolg:

$$P_2^\sigma(a) = U_2(a) = 0 \quad (0 \le a < \tfrac{1}{4})$$

für jede Strategie σ.

Ist $\frac{1}{4} \le a < \frac{1}{2}$, so kann man, einerlei, was man setzt, bei den Spielverläufen $+\,-$ und $-\,+$ nicht den Zielbetrag erreichen; im ersten Fall erreicht man

im 1. Spielgang < 1,

im 2. Spielgang höchstens einen weiteren Verlust,

und im zweiten Fall erreicht man

im 1. Spielgang wegen Verlust nur $< \frac{1}{2}$,

und dann kann auch $+$ im 2. Spielgang bei keinem möglichen Einsatz zum Zielbetrag führen.

Der einzige Spielverlauf, der zum Zielbetrag 1 führen könnte, ist $+\,+$ mit der Wahrscheinlichkeit p^2. Bei jeder Strategie σ, die im 1. Spielgang einen Einsatz e_1 mit $\frac{1}{2} - a \le e_1 \le a$ (und das ist möglich, da $\frac{1}{2} - a \le a$ aus $\frac{1}{4} \le a < \frac{1}{2}$ folgt) und im 2. Spielgang, falls der 1. Gang $+$, und damit den Besitzstand $a_1 = a + e_1 \ge \frac{1}{2}$ ergab, einen Einsatz e_2 mit $1 - a_1 \le e_2 \le a_1$ (und das ist möglich, da $1 - a_1 \le a_1$ aus $\frac{1}{2} \le a_1 < 1$ folgt) vorschreibt, führt $+\,+$ zum Zielbetrag 1:

$$P_2^\sigma(a) = U_2(a) = p^2 \quad (\tfrac{1}{4} \le a < \tfrac{1}{2}).$$

Ist $\frac{1}{2} \le a < \frac{3}{4}$, so kann man im 1. Spielgang

$e_1 \le a - \frac{1}{2}$ oder

e_1 mit $a - \frac{1}{2} < e_1 < 1 - a$ oder

e_1 mit $1 - a \le e_1 \le a$

setzen.

Im ersten Fall ist der Besitzstand $a_1 = a \pm e_1$ nach dem 1. Spielgang auf jeden Fall $\geq \frac{1}{2}$, aber wegen $e_1 \leq a - \frac{1}{2} < \frac{1}{4} < 1 - a_1$ auch < 1, so daß im 2. Spielgang ein Einsatz e_2 mit $1 - a_1 \leq e_2 \leq a_1$ möglich ist, und bei + dann zum Zielbetrag 1 führt; jede derartige Strategie führt also genau bei den Spielverläufen + + und − +, nicht aber bei + − zum Zielbetrag 1:

$$P^\sigma(a) = p^2 + qp = p.$$

Im zweiten Fall liefert

+ im 1. Spielgang $a_1 = a + e_1 < 1$,
− im 1. Spielgang $a_1 = a - e_1 < \frac{1}{2}$,

so daß − + und + − sofort ausscheiden: Jede derartige Strategie liefert $P_2^\sigma(a) \leq p^2$.

Im dritten Fall liefert

+ im 1. Spielgang sofort $a_1 = a + e_1 \geq 1$,

so daß man im 2. Spielgang nur 0 zu setzen braucht, um den Zielbetrag 1 zu erreichen. Dagegen liefert

− im 1. Spielgang sofort $a_1 = a - e_1 < \frac{1}{2}$,

was keinen zu 1 führenden Einsatz im 2. Spielgang mehr erlaubt. Zum Zielbetrag 1 führen also genau + + und + −, wenn man eine Strategie σ wie oben beschrieben wählt: $P_\sigma(a) = p^2 + pq = p$.

Insgesamt finden wir

$$P_2^\sigma(a) = U_2(a) = p \qquad (\tfrac{1}{2} \leq a < \tfrac{3}{4})$$

für passende Strategie σ.

Ist $\frac{3}{4} \leq a < 1$, so ist $1 - a \leq \frac{1}{4}$. Einerlei, welchen Einsatz e_1 mit $1 - a \leq e_1 \leq \frac{1}{4}$ man macht, bei

+ im 1. Spielgang erreicht man $a_1 = a + e_1 \geq 1$

und braucht im 2. Spielgang nur 0 zu setzen, um sicher den Zielbetrag 1 zu erreichen. Bei

− im 1. Spielgang erreicht man $a_1 = a - e_1 \geq a - \tfrac{1}{4} \geq \tfrac{1}{2}$

und kann durch einen Einsatz $e_1 = 1 - a_1$ im 2. Spielgang garantieren, daß bei

+ im 2. Spielgang der Zielbetrag 1 noch erreicht wird.

Bei einer solchen Strategie σ führen also alle Spielverläufe + +, + −, − + zum Zielbetrag 1:

$$P_2^\sigma(a) = U_2(a) = p^2 + pq + qp = p + pq \qquad (\tfrac{3}{4} \leq a < 1).$$

Wir haben also

$$P_2^\sigma(a) = U_2(a) = \begin{cases} 0 & \text{für} \quad 0 \le a < \tfrac{1}{4}, \\ p^2 & \text{für} \quad \tfrac{1}{4} \le a < \tfrac{1}{2}, \\ p & \text{für} \quad \tfrac{1}{2} \le a < \tfrac{3}{4}, \\ p+pq & \text{für} \quad \tfrac{3}{4} \le a < 1, \\ 1 & \text{für} \quad a \ge 1 \end{cases}$$

für passende Strategie σ.

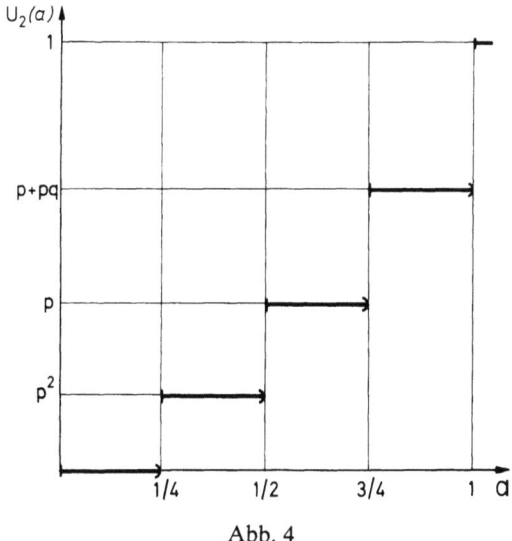

Abb. 4

In allen durchdiskutierten Fällen $n = 0, 1, 2$ gab es Strategien σ mit

$$P_n^\sigma(a) = U_n(a) \quad (a \ge 0)$$

also *optimale Strategien*.

§ 2. Die kühne Strategie und die Rekursionsformel

Die im § 1 für die Spiellängen $n = 0, 1, 2$, angestellten Überlegungen wurden schon für $n = 2$ ziemlich umfangreich. Andererseits treten schon gewisse Gesichtspunkte hervor, die auf eine allgemeine Theorie für beliebige $n = 0, 1, 2, 3, \ldots$ hoffen lassen. Eine vollständige Theorie hätte jetzt den *allgemeinen Strategiebegriff* zu formulieren.

Wir verschieben dies ebenso wie den wahrscheinlichkeitstheoretischen Apparat auf § 4 und formulieren jetzt ganz konkret eine spezielle, für beliebige $n \geq 0$ brauchbare Strategie und zeigen, daß sie stets optimal ist. Es handelt sich um die sog.

Kühne Strategie: Man setze notfalls alles, was man hat, aber nie mehr, als noch zum Zielbetrag 1 fehlt, beim Besitzstand a also den Betrag

$$e = \min[a, (1-a)^+] = \begin{cases} a & \text{für } 0 \leq a < \tfrac{1}{2}, \\ 1-a & \text{für } \tfrac{1}{2} \leq a < 1, \\ 0 & \text{für } a \geq 1. \end{cases}$$

Genauer:

Hat man vor dem Spielgang Nr. k den Betrag a_{k-1}, so setze man

$$e_k = \min[a_{k-1}, (1-a_{k-1})^+] \quad (k=1,\ldots,n).$$

Die Wahrscheinlichkeit, beim Anfangskapital $a \geq 0$ und Befolgung der kühnen Strategie in n Spielgängen zum Zielbetrag 1 zu kommen, bezeichnen wir mit

$$P_n(a) \quad (a \geq 0).$$

Gehen wir jetzt die Diskussion der Fälle $n = 0, 1, 2$ im § 1 nochmal durch, so stellen wir fest: Die kühne Strategie ist in diesen Fällen optimal, d. h. es gilt

(1) $\qquad\qquad P_n(a) = U_n(a) \qquad (a \geq 0)$

für $n = 0, 1, 2$. Unser Ziel ist der

Satz 2.1: *Die kühne Strategie ist im Falle $p \leq \tfrac{1}{2}$ stets optimal:* (1) *gilt für $n = 0, 1, 2, 3, \ldots$.*

Zum Beweis des Satzes 2.1 werden wir zeigen, daß die P_n und die U_n denselben Rekursionsformeln genügen, nämlich

(2) $U_{n+1}(a) = \sup\limits_{0 \leq e \leq a} [p\, U_n(a+e) + q\, U_n(a-e)] \quad (a \geq 0) \quad (n=0,1,\ldots)$,

(3) $P_{n+1}(a) = \sup\limits_{0 \leq e \leq a} [p\, P_n(a+e) + q\, P_n(a-e)] \quad (a \geq 0, p \leq \tfrac{1}{2})$

$(n = 0, 1, \ldots)$.

Der Beweis für (2) ist ganz leicht und wird sogleich vorgeführt werden. Der Beweis für (3) ist komplizierter und soll im § 3 stattfinden. Die Annahme $p \leq \tfrac{1}{2}$ wird erst sehr spät in der Diskussion auftreten.

Beweis von (2): Wir gehen von folgender intuitiver Überlegung aus, die wir in § 4 formal unterbauen werden:

Jede Strategie σ für $n+1$ Spielgänge setzt sich aus drei Anweisungen zusammen:
a) Höhe $e = e(a)$ des ersten Einsatzes in Abhängigkeit vom Anfangskapital a. Dabei ist $0 \le e \le a$ zu wahren.
b) Eine Strategie σ^+ für n Spielgänge, die sagt, wie weiterzuspielen ist, wenn der 1. Spielgang $+$ (und damit den Besitzstand $a+e$) ergab.
c) Eine Strategie σ^- für n Spielgänge, die sagt, wie weiterzuspielen ist, wenn der 1. Spielgang $-$ (und damit den Besitzstand $a-e$) ergab.

Bei Befolgung von σ ist dann

(4) $$P_{n+1}^\sigma(a) = p P_n^{\sigma^+}(a+e) + q P_n^{\sigma^-}(a-e)$$

die Wahrscheinlichkeit, in $n+1$ Schritten den Zielbetrag 1 zu erreichen.

Aus (4) ergibt sich für jedes σ

$$U_{n+1}(a) \ge P_{n+1}^\sigma(a) = p P_n^{\sigma^+}(a+e) + q P_n^{\sigma^-}(a-e).$$

Variiert man σ^+ und σ^- geeignet, so kommen

$P_n^{\sigma^+}(a+e)$ und $P_n^{\sigma^-}(a-e)$

den Werten $U_n(a+e)$ und $U_n(a-e)$ beliebig nahe: Für jedes e mit $0 \le a \le e$ gilt

$$U_{n+1}(a) \ge p U_n(a+e) + q U_n(a-e).$$

Läßt man jetzt e variieren, so erhält man

$$U_{n+1}(a) \ge \sup_{0 \le e \le a} [p U_n(a+e) + q U_n(a-e)].$$

Umgekehrt kann man zu jedem $\varepsilon > 0$ ein σ so finden, daß

$$U_{n+1}(a) - \varepsilon < P_{n+1}^\sigma(a)$$

gilt. Die rechte Seite wird von $\sup_{0 \le e \le a} [p U_n(a+e) + q U_n(a-e)]$ majorisiert. Da $\varepsilon > 0$ beliebig war, folgt

$$U_{n+1}(a) \le \sup_{0 \le e \le a} [p U_n(a+e) + q U_n(a-e)].$$

Damit ist (2) bewiesen.

Weitere Eigenschaften der Funktionen $U_n(a)$

1) Aus (2) ergibt sich speziell

$$\begin{aligned} U_{n+1}(a) &\ge p U_n(a+0) + q U_n(a-0) \\ &= U_n(a). \end{aligned}$$

Wir erhalten also

$$U_0(a) \leq U_1(a) \leq U_2(a) \leq \cdots$$

im Einklang mit der Vorstellung, daß bei längerem Spiel die Chancen, den Zielbetrag 1 zu erreichen, steigen. In der Tat besagt die obige Überlegung: Man hat in $n+1$ Spielgängen dieselbe Erfolgswahrscheinlichkeit wie in n, wenn man den 1. Spielgang (durch Einsatz 0) ungenutzt verstreichen läßt und dann die restlichen n Spielgänge nach dem für n gewohnten Rezept durchspielt.

2) Jede der Funktionen $U_n(a)$ ist schwach monoton wachsend. – Sei $0 \leq a < a', \varepsilon > 0$ und σ eine Strategie mit

$$U_n(a) - \varepsilon < P_n^\sigma(a).$$

Die Strategie σ', die für das Anfangskapital $a' > a$ besagt

„Man lege $a' - a$ beiseite
und spiele mit dem Restkapital a gemäß σ",

bringt einen Spieler mit Anfangskapital $a' > a$ mit mindestens derselben Wahrscheinlichkeit zum Zielbetrag wie σ einen Spieler mit Anfangskapital a:

$$U_n(a) - \varepsilon < P_n^\sigma(a) \leq P_n^{\sigma'}(a') \leq U_n(a').$$

Da $\varepsilon > 0$ beliebig war, ergibt sich

$$U_n(a) \leq U_n(a') \qquad (0 \leq a < a').$$

Insgesamt erhalten wir etwa ein Bild wie Abb. 5.

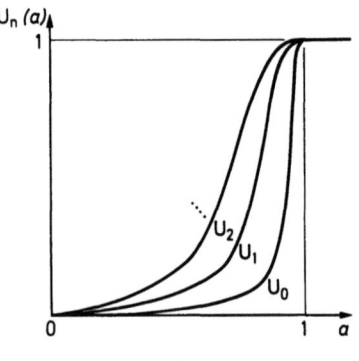

Abb. 5

Wie wir schon aus § 1 wissen, ist es bereits darin inkorrekt, daß wir U_0, U_1, U_2 als stetige Funktionen gezeichnet haben. Lediglich die Monotonieverhältnisse sind in dieser Zeichnung ernst zu nehmen.

§ 3. Die Erfolgswahrscheinlichkeiten der kühnen Strategie

Jetzt geht es um folgendes

Lemma 3.1: *Die Funktionen*

$P_n(a) =$ *Wahrscheinlichkeit, bei Befolgen der kühnen Strategie in n Spielgängen den Zielbetrag 1 zu erreichen*

$(n = 0, 1, \ldots)$ *erfüllen im Falle* $p \leq \frac{1}{2}$ *die Rekursionsformel*

(1) $\quad P_{n+1}(a) = \sup\limits_{0 \leq e \leq a} [p P_n(a+e) + q P_n(a-e)] \quad (n=0,1,\ldots).$

Beweis: Für einen Großteil der folgenden Überlegungen wird die Annahme $p \leq \frac{1}{2}$ keine Rolle spielen. Wir leiten zunächst eine einfachere Rekursionsformel her:

(2) $\quad P_{n+1}(a) = p P_n(a+e) + q P_n(a+e) \quad (0 \leq a) \quad (n=0,1,\ldots)$

mit dem „kühnen" Wert

(2a) $\quad\quad\quad\quad e = e(a) = \min[a, (1-a)^+].$

Diese Formel ist ein Spezialfall der Formel (4) aus § 2. Man hat nur zu beachten, daß die dort angeführten „Teilstrategien" σ^+ und σ^- in unserem Fall wiederum mit der kühnen Strategie zusammenfallen.

Die kühne Strategie schreibt, wie man aus (2a) entnehmen kann, für $a=0$ und $a \geq 1$ den Einsatz $e=0$ vor. Daraus ergibt sich sofort

$$\left. \begin{array}{l} P_n(0) = 0 \\ P_n(a) = 1 \quad (a > 1) \end{array} \right\} \quad (n=0,1,\ldots).$$

Wiederum aus (2a) entnimmt man: Die kühne Strategie schreibt

für $\quad 0 \leq a < \frac{1}{2} \quad$ den Einsatz $\quad a$,

für $\quad \frac{1}{2} \leq a < 1 \quad$ den Einsatz $\quad 1-a$

vor. Im ersteren Fall ergibt sich

$a - e = 0, \quad$ also $\quad P_n(a-e) = 0,$
$a + e = 2a,$

im zweiten Fall

$a + e = 1, \quad$ also $\quad P_n(a+e) = 1,$
$a - e = 2a - 1.$

Die Rekursionsformel (2) läßt sich daher für $0 \le a < 1$ auch so schreiben:

(3) $\quad P_{n+1}(a) = \begin{cases} pP_n(2a) & \text{für } 0 \le a < \frac{1}{2}, \\ p + qP_n(2a-1) & \text{für } \frac{1}{2} \le a \end{cases} \quad (n=0,1,\ldots).$

Man stellt nämlich fest, daß der 2. Ausdruck für $a \ge 1$ wegen $2a - 1 \ge 1$ den korrekten Wert $p + q = 1$ annimmt.

Die Rekursionsformel (3) liefert zwei anschauliche Verfahren zur sukzessiven Konstruktion der Graphen (Schaubilder) von $P_0, P_1, \ldots$

Verfahren I: Um den Graphen von $P_{n+1}(a)$ für $0 \le a \le 1$ zu erhalten, hänge man je ein Exemplar des Graphen von $P_n(a)$ ($0 \le a \le 1$), passend linear gestaucht,

1) zwischen die Punkte $(0,0)$ und $(\frac{1}{2}, p)$,
2) zwischen die Punkte $(\frac{1}{2}, p)$ und $(1,1)$.

Beidemal ist der Stauchungsfaktor in der Horizontalen $\frac{1}{2}$. In der Vertikalen ist er bei 1) gleich p, bei 2) gleich q.

Dies Verfahren I ist lediglich die anschauliche Übersetzung von (3). Man kann es ganz grob so zeichnen:

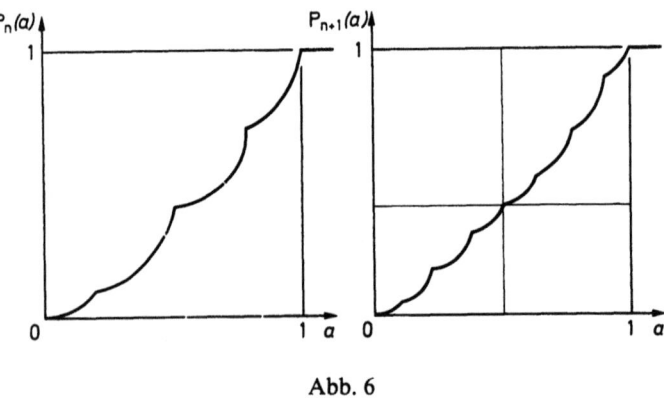

Abb. 6

Wie wir sehen werden, war es inkorrekt, die Kurven stetig zu zeichnen. Für $n = 0, 1, 2, 3$ erhalten wir die 4 Diagramme (Abb. 7), von denen wir die ersten drei schon aus § 1 kennen:

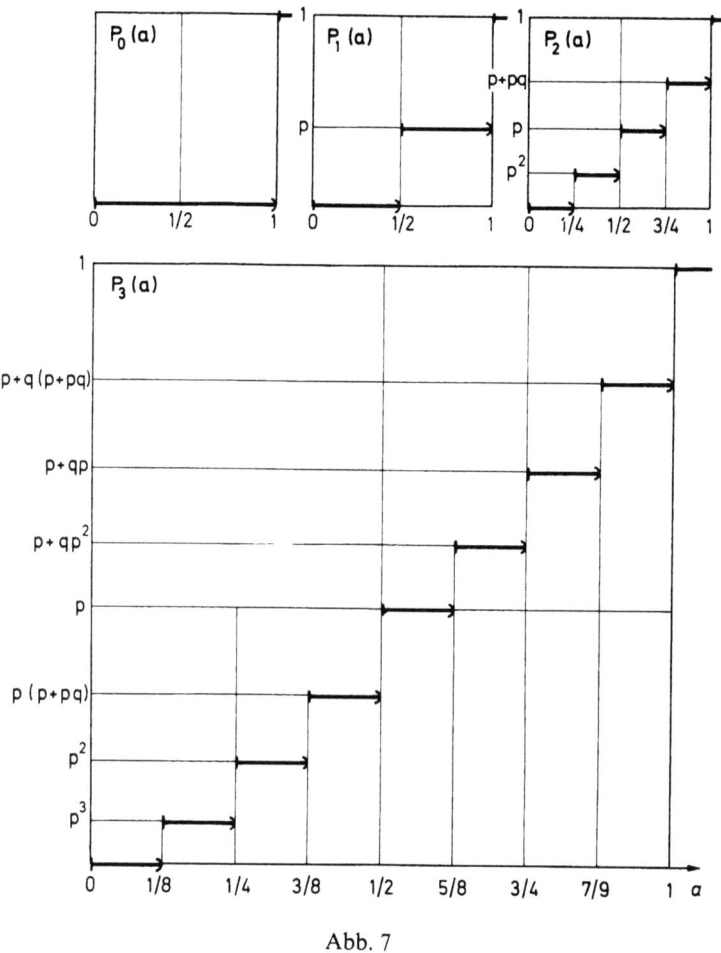

Abb. 7

Aus dem Verfahren I ergibt sich durch unmittelbare Anschauung: Die Funktion $P_n(a)$ ist in jedem der dyadischen Intervalle

$$\frac{k}{2^n} \leq a < \frac{k+1}{2^n} \quad (0 \leq k < 2^n)$$

konstant. Im Intervall

$$0 \leq a < \frac{1}{2^n}$$

hat sie den Wert 0, im Intervall

$$\frac{1}{2} \leq a < \frac{1}{2} + \frac{1}{2^n}$$

den Wert p.

Die formale Herleitung aus (3) sei dem Leser überlassen. Wir wollen die Punkte

$$\left(\frac{k}{2^n}, P_n\left(\frac{k}{2^n}\right)\right) \quad (k=0,\ldots,2^n)$$

der Ebene die *Scheitel* Nr. $k=0,\ldots,2^n$ des Graphen von P_n nennen. Aus dem Verfahren I ergibt sich durch Induktion das

Verfahren II: Um den Graphen von $P_{n+1}(a)$ für $0 \leq a \leq 1$ zu erhalten, hänge man je ein Exemplar des Graphen von $P_1(a)$, passend linear gestaucht zwischen die Scheitel Nr. k und Nr. $k+1$ des Graphen von $P_n(a)$ $\quad (k=0,\ldots,2^n-1)$.

Ist diese Aussage für $n-1$ richtig, so ergibt unmittelbare Anschauung des Verfahrens I die Richtigkeit für n. Es sei dem Leser überlassen, mittels (3) einen formalen Beweis zu führen und für die Stauchungsfaktoren eine Formel aufzustellen. Aus dem Verfahren I und II entnimmt man sofort die Analoga zu den am Ende von § 2 über die $U_n(a)$ gemachten Monotieaussagen:

1) $P_0 \leq P_1 \leq P_2 \leq \cdots$,
2) $P_n(a) \leq P_n(a') \quad (0 \leq a < a')$.

Nun beweisen wir die Ungleichung

(4) $\quad P_{n+1}(a) \geq p P_n(a+e) + q P_n(a-e) \quad (0 \leq e \leq a) \quad (n=0,1,\ldots).$

Sie liefert mit (2) zusammen den Beweis von Lemma 3.1. Für $a \geq 1$ ist $P_{n+1}(a)=1$ und die Ungleichung (4) gilt automatisch, denn rechts steht ein Mittelwert von 2 Zahlen ≤ 1. Ferner braucht man (4) für $0 \leq a < 1$ immer nur im Falle

$$0 \leq e \leq \min[a, 1-a],$$

d. h. $0 \leq a-e \leq a \leq a+e \leq 1$,

zu verifizieren. Läßt man nämlich e im Falle $a \geq \frac{1}{2}$ noch über $1-a$ bis a anwachsen, so ist dabei stets $a+e \geq 1$, also $P_n(a+e)=1$, während $P_n(a-e)$ fällt, so daß auf der rechten Seite von (4) nur noch eine Verkleinerung eintritt. – Wir beweisen (4) durch Induktion:

Für $n=0$ ist (4) richtig, wie eine Inspektion der Graphen von $P_0(a)$ und $P_1(a)$ sofort ergibt:

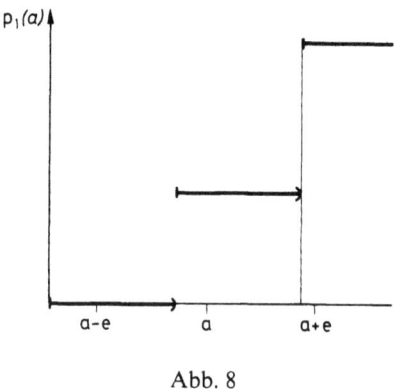

Abb. 8

Für $0 \leq e \leq a < \frac{1}{2}$ ist $0 \leq a-e \leq a \leq a+e < 1$, also

$$pP_0(a+e) + qP_0(a-e) = 0 \leq P_1(a).$$

Für $\frac{1}{2} \leq a < 1, 0 \leq e \leq a$ ist $a - e < 1$, also

$$pP_0(a+e) + qP_0(a-e) \leq p \cdot 1 + q \cdot 0 = p = P_1(a).$$

Für $a \geq 1$ ist $P_1(a) = 1$, also keine Gefahr.

Angenommen, (4) ist für n richtig. Wir haben den Übergang nach $n+1$ zu leisten.

In zwei Fällen geht dies ganz anschaulich mittels des Verfahrens I: (4) hat bei festen a,e eine affingeometrische Eigenschaft des Graphen von P_n und P_{n+1} in $0 \leq a \leq 1$ zum Gegenstand. Da nach dem Verfahren I die linken Hälften der Graphen von P_{n+1} und P_{n+2} aus den Graphen von P_n und P_{n+1} durch eine affine Transformation hervorgeht, bleibt diese Eigenschaft für die linken Hälften der Graphen von P_{n+1} und P_{n+2} bestehen. Ebenso könnte man für die rechten Hälften schließen. Es handelt sich dabei um die Fälle I und II des nun folgenden formalen Beweises, der sich allein auf die Rekursionsformel (3) stützt.

Wir bilden

$$R_n(a,e) = P_{n+1}(a) - pP_n(a+e) - qP_n(a-e) \quad (0 \leq e \leq a, n = 0, 1, \ldots);$$

die Induktionsannahme besagt

$$R_n(a,e) \geq 0 \quad (0 \leq e \leq a).$$

Zu zeigen ist jetzt

$$R_{n+1}(a,e) \geq 0 \quad (0 \leq a-e \leq a \leq a+e \leq 1).$$

Fall I: $0 \leq a-e \leq a \leq a+e < \frac{1}{2}$. – Dann ist stets der erste Fall der Rekursionsformel (3) anwendbar, und man erhält

$$\begin{aligned}R_{n+1}(a,e) &= P_{n+2}(a) - pP_{n+1}(a+e) - qP_{n+1}(a-e) \\ &= pP_{n+1}(2a) - ppP_n(2a+2e) - qpP_n(2a-2e) \\ &= pR_n(2a,2e) \geq 0\end{aligned}$$

nach Induktionsannahme wegen $0 \leq 2e \leq 2a$.

Fall II: $\frac{1}{2} \leq a-e \leq a \leq a+e < 1$. – Dann ist stets der zweite Fall der Rekursionsformel (3) anzuwenden, und man erhält

$$\begin{aligned}R_{n+1}(a,e) &= (p+qP_{n+1}(2a-1)) - p(p+qP_n(2a+2e-1)) \\ &\quad - q(p+qP_n(2a-2e-1)) \\ &= p - (p+q)p \\ &\quad + q[P_{n+1}(2a-1) - pP_n(2a-1+2e) - qP_n(2a-1-2e)] \\ &= 0 + qR_n(2a-1,2e) \geq 0\end{aligned}$$

nach Induktionsannahme, denn in unserem Falle II ist sogar $2e \leq 2a-1$ (wegen $\frac{1}{2} \leq a-e$).

Fall III: $0 \leq a-e \leq a < \frac{1}{2} \leq a+e$. – Jetzt treten beide Fälle aus der Rekursionsformel (3) auf. Wir erhalten

$$R_{n+1}(a,e) = pP_{n+1}(2a) - p(p+qP_n(2a+2e-1)) - q(pP_n(2a-2e)).$$

Wäre $a < \frac{1}{4}$, so wäre $e \leq a < \frac{1}{4}$ und $e+a < \frac{1}{4}+\frac{1}{4}=\frac{1}{2}$, im Widerspruch zu unserem Fall III. Also folgt $a \geq \frac{1}{4}$ und damit $2a \geq \frac{1}{2}$. Wir können daher auf $P_{n+1}(2a)$ nochmals den zweiten Fall von (3) anwenden und erhalten

$$\begin{aligned}R_{n+1}(a,e) &= p(p+qP_n(4a-1)) - p(p+qP_n(2a+2e-1)) \\ &\quad - q(pP_n(2a-2e)) \\ &= q[pP_n(2(2a-\tfrac{1}{2})) - pP_n((2a-\tfrac{1}{2})+(2e-\tfrac{1}{2})) \\ &\quad - pP_n((2a-\tfrac{1}{2})-(2e-\tfrac{1}{2}))].\end{aligned}$$

Nun benützen wir zum ersten Mal die Annahme $p \leq \frac{1}{2}$, also $p \leq q$ und schätzen ab

$$\geq q[pP_n(2(2a-\tfrac{1}{2}))-pP_n((2a-\tfrac{1}{2})+(2e-\tfrac{1}{2}))$$
$$-qP_n((2a-\tfrac{1}{2})-(2e-\tfrac{1}{2}))].$$

Aus $\frac{1}{4} \leq a < \frac{1}{2}$ folgt $0 \leq 2a - \frac{1}{2} < \frac{1}{2}$, so daß wir den ersten Fall aus (3) rückwärts benützen können und

$$= q[P_{n+1}(2a-\tfrac{1}{2}) - pP_n((2a-\tfrac{1}{2})+(2e-\tfrac{1}{2}))$$
$$-qP_n((2a-\tfrac{1}{2})-(2e-\tfrac{1}{2}))]$$
$$= qR_n(2a-\tfrac{1}{2}, 2e-\tfrac{1}{2}) \geq 0$$

nach Induktionsannahme, denn $e \leq a$ impliziert natürlich $2e - \frac{1}{2} \leq 2a - \frac{1}{2}$.

Fall IV: $0 \leq a-e < \frac{1}{2} \leq a \leq a+e \leq 1$ wird ähnlich erledigt wie Fall III:
Wir erhalten

$$R_{n+1}(a,e) = p + qP_{n+1}(2a-1) - p(p+qP_n(2a+2e-1))$$
$$-q(pP_n(2a-2e)),$$

Wie in Fall III schließen wir jetzt $\frac{1}{2} \leq a < \frac{3}{4}$, da sonst aus $a-e < \frac{1}{2}$ die Relation $a+e > 1$ folgen würde. Es folgt $1 \leq 2a < \frac{3}{2}$, also $0 \leq 2a-1 < \frac{1}{2}$, so daß wir fortfahren können

$$= p + qpP_n(4a-2) - p(p+qP_n(2a+2e-1)) - q(pP_n(2a-2e))$$
$$= p(1-p) + qpP_n(2(1a-\tfrac{1}{2})-1) - pqP_n((2a-\tfrac{1}{2})+(2e-\tfrac{1}{2}))$$
$$-qpP_n((2a-\tfrac{1}{2})-(2e-\tfrac{1}{2}))$$
$$= pq + qpP_n(2(2a-\tfrac{1}{2})-1) - pqP_n((2a-\tfrac{1}{2})+(2e-\tfrac{1}{2}))$$
$$-qpP_n((2a-\tfrac{1}{2})-(2e-\tfrac{1}{2}))$$
$$= pq - p^2 + p(p+qP_n(2(2a-\tfrac{1}{2})-1) - qP_n((2a-\tfrac{1}{2})+(2e-\tfrac{1}{2}))$$
$$-qP_n((2a-\tfrac{1}{2})-(2e-\tfrac{1}{2}))).$$

Nun ist $\frac{1}{2} \leq 2a - \frac{1}{2} < 1$, also können wir den zweiten Fall aus (3) rückwärts benützen und erhalten

$$= p(q-p) + p[P_{n+1}(2a-\tfrac{1}{2}) - qP_n((2a-\tfrac{1}{2})+(2e-\tfrac{1}{2}))$$
$$-qP_n((2a-\tfrac{1}{2})-(2e-\tfrac{1}{2}))]$$
$$= p[(q-p) - (q-p)P_n((2a-\tfrac{1}{2})+(2e-\tfrac{1}{2}))]$$
$$+ p[P_{n+1}(2a-\tfrac{1}{2}) - pP_n((2a-\tfrac{1}{2})+(2e-\tfrac{1}{2}))$$
$$-qP_n((2a-\tfrac{1}{2})-(2e-\tfrac{1}{2}))].$$

Die letzte Umformung diente dazu, den Faktor q bei $P_n((2a-\frac{1}{2}) +(2e-\frac{1}{2}))$ durch p zu ersetzen. Wegen $P_n \leq 1$ und $p \geq q$ ist die erste eckige Klammer nichtnegativ, und wir erhalten

$$\geq p R_n(2a-\tfrac{1}{2}, 2e-\tfrac{1}{2}) \geq 0$$

nach Induktionsannahme.

Damit ist Lemma 3.1 und somit auch Satz 2.1 (Optimalität der kühnen Strategie für $p \leq \frac{1}{2}$) bewiesen.

§ 4. Das vollständige Modell

In den §§ 1–3 haben wir von Wahrscheinlichkeiten und Strategien mehr oder minder intuitiv gesprochen und nur jeweils das herausgestellt, was explizit benötigt wurde. Wir stellen jetzt nachträglich die exakten mathematischen Modelle auf, die den Untersuchungen der §§ 1–3 zugrunde liegen.

1. Wahrscheinlichkeiten

Jedes finite wahrscheinlichkeitstheoretische Modell besteht aus einer endlichen Menge $X = \{x, y, \ldots\}$ und einer für $x \in X$ erklärten reellen Funktion $p(x)$, die

$$p(x) \geq 0 \quad (x \in X),$$
$$\sum_{x \in X} p(x) = 1$$

erfüllt. Man nennt X die *Grundmenge*, die Funktion $p(\cdot)$ die *Wahrscheinlichkeitsverteilung* des *Wahrscheinlichkeitsfeldes* $(X, p(\cdot))$. Teilmengen von X heißen auch *Ereignisse*. Ist $E \subseteq X$ ein Ereignis, so ist durch

$$p(E) = \sum_{x \in E} p(x)$$

die Wahrscheinlichkeit $p(E)$ *des Ereignisses* E definiert. $p(x) = p(\{x\})$ heißt die Wahrscheinlichkeit des *Elementarereignisses* oder *Zufallspunktes* x. Es gilt

$p(E_1 + \cdots + E_s) = p(E_1) + \cdots + p(E_s)$ ($E_1, \ldots, E_s \subseteq X$ paarweise disjunkt; disjunkte Vereinigungen werden mit $+$ statt $\cup$ bezeichnet)

die leere Menge ∅ (= das *unmögliche Ereignis*) erhält so die Wahrscheinlichkeit
$$p(\emptyset) = 0,$$
die volle Menge X (= das *sichere Ereignis*) die Wahrscheinlichkeit
$$p(X) = 1.$$
Ist $E + F = X$ (disjunkt!), so gilt
$$p(E) + p(F) = 1.$$
Dies ist der allgemeine Apparat. Bei unserem Rot- und Schwarz-Problem haben wir für jede Spiellänge $n = 0, 1, 2, \ldots$ ein anderes Wahrscheinlichkeitsfeld $(X_n, p_n(\cdot))$; diese Wahrscheinlichkeitsfelder hängen jedoch eng zusammen:
Man schafft mit
$$X_n = \{x = (x_1, \ldots, x_n) | x_k = \pm (k = 1, \ldots, n)\}$$
ein Modell für die Gesamtheit aller möglichen Spielverläufe der Länge n, setzt
$$p_1 = p, \quad p_{-1} = q = 1 - p$$
und ordnet dem Spielverlauf $x = (x_1, \ldots, x_n)$ die Wahrscheinlichkeit
$$p_n(x) = p_{x_1 1}, \ldots, p_{x_n 1}$$
zu. ($x_k 1$ bedeutet $+1$ wenn $x_k = +$, und -1 wenn $x_k = -$ ist.)
Die Produktstruktur dieser Formel ist der mathematische Ausdruck für die statistische Unabhängigkeit der Zufallsexperimente in den verschiedenen Spielgängen Nr. $1, \ldots, n$.
Es ist praktisch, zu jedem Spielverlauf $x = (x_1, \ldots, x_n)$ die Größen
$S_0(x) = 0$
$S_1(x) = x_1 1$
....
$S_k(x) = x_1 1 + \cdots + x_k 1$
....
$S_n(x) = x_1 1 + \cdots + x_n 1$

zu bilden und sich den Spielverlauf durch einen *Pfad*, der die *Scheitel* $(0, S_0(x)), (1, S_1(x)), \ldots, (n, S_n(x))$ stückweise linear miteinander verbindet, zu veranschaulichen, die Pfade, bei denen der Niveauunterschied benachbarter Scheitel stets ± 1 beträgt, werden auf diese Weise eineindeutig den Spielverläufen x zugeordnet. Im nachstehenden Diagramm (Abb. 9) für $n = 6$ entspricht der Pfad (*a*) dem Spielverlauf $+ + + + + +$ der Pfad *b* dem Spielverlauf $- - + - + +$.

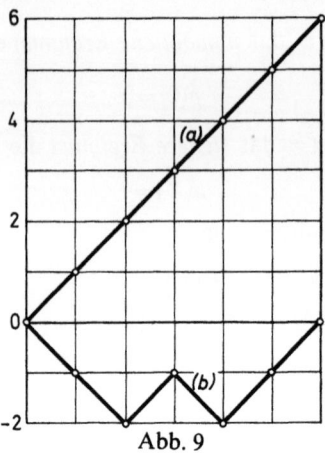

Abb. 9

Wir identifizieren jeden Spielverlauf mit seinem Pfad und sprechen von der *Wahrscheinlichkeit eines Pfades*. Schreibt man an jede Aufwärtsstrecke das Symbol p, an jede Abwärtsstrecke das Symbol q, so erhält man die Wahrscheinlichkeit eines Pfades als das Produkt der längs ihm aufgereihten Symbole p,q. Pfad

(a) erhält so die Wahrscheinlichkeit $pppppp = p^6$;
(b) erhält so die Wahrscheinlichkeit $qqpqpp = p^3 q^3$.

Analog spricht man von der Wahrscheinlichkeit eines durch Forderungen an die Gestalt der zugehörigen Pfade definierten Ereignisses. Beispielsweise ist die Wahrscheinlichkeit, daß der Pfad in $n=6$ Schritten die Höhe $n=6$ erreicht, gleich der Wahrscheinlichkeit des obigen Pfades (a), also gleich p^6. Die Wahrscheinlichkeit (desjenigen Ereignisses, dessen verbale Beschreibung besagt), daß in $n=6$ Schritten mindestens einmal $S_k(x)=3$ erreicht wird, gleich der Summe der Wahrscheinlichkeiten einiger der im folgenden Diagramm sichtbaren Pfade

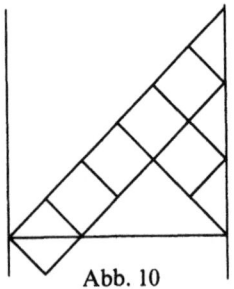

Abb. 10

also, wie man leicht sieht $= p^3 + 3qp^4$.

2. Einsätze und Bilanzpfade

Eine Folge
$$a_0, a_1, \ldots, a_n$$
von reellen Zahlen soll ein *Bilanzpfad* der Länge n genannt werden, wenn

(1) $\qquad a_i \geq 0 \qquad (i=0,\ldots,n),$

(2) $\qquad a_{i+1} \leq 2 a_i \qquad (i=0,\ldots,n-1)$

gilt. Wir veranschaulichen Bilanzpfade ebenso wie Spielverläufe durch Streckenzüge.

Sei $x=(x_1,\ldots,x_n) \in X_n$ ein Spielverlauf und $a \geq 0$ reell. Eine Folge $e_1,\ldots,e_n$ von reellen Zahlen heißt *zulässige Einsatzfolge* für x, wenn die Zahlen

$a_0 = a$
$a_1 = a + x_1 e_1$
....
$a_k = a + x_1 e_1 + \cdots + x_k e_k$
....
$a_n = a + x_1 e_1 + \cdots + x_n e_n$

(wieder bedeutet $x_i e_i = \pm e_i$, je nachdem $x_i = \pm$ ist) einen Bilanzpfad bilden.

Jeden Bilanzpfad $a_0, a_1, \ldots, a_n$ kann man aus einem passenden Spielverlauf $x=(x_1,\ldots,x_n)$ mit Hilfe einer durch ihn eindeutig bestimmten für x zulässigen Einsatzfolge $e_1,\ldots,e_n$ erhalten: Man hat

(3) $\qquad e_i = |a_i - a_{i-1}| \qquad (i=1,\ldots,n),$

(4) $\qquad x_i = \begin{cases} + & \text{wenn } a_i > a_{i-1}, \\ - & \text{wenn } a_i < a_{i-1}, \\ \text{beliebig,} & \text{wenn } a_i = a_{i-1} \end{cases}$

zu wählen.

Die Summe der Wahrscheinlichkeiten aller Spielverläufe $x=(x_1,\ldots,x_n)$, die einen vorgegebenen Bilanzpfad $a_0, a_1, \ldots, a_n$ gemäß (4) liefern können, heißt die *Wahrscheinlichkeit dieses Bilanzpfades*. Sie berechnet sich sehr einfach als n-faches Produkt, wobei

jedes i mit $a_i > a_{i-1}$ einen Faktor p,
jedes i mit $a_i < a_{i-1}$ einen Faktor q,
jedes i mit $a_i = a_{i-1}$ einen Faktor 1

beisteuert. Ein anschauliches Beispiel für $n=6$ ist Abb. 11

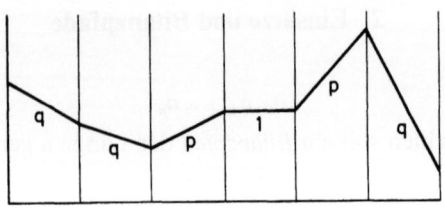

Abb. 11

Der gezeichnete Bilanzpfad hat die Wahrscheinlichkeit $q \cdot p \cdot p \cdot 1 \cdot p \cdot q = q^2 p^3$. Kommen in einem Bilanzpfad keine horizontalen Stücke $(a_{i+1} = a_i)$ vor, so ist der zugehörige Spielverlauf eindeutig bestimmt.

3. Strategien

Eine Folge $a_0, \ldots, a_{k-1}$ von $k \leq n$ reellen Zahlen heißt eine *Vorgeschichte zum Spielgang Nr. k*, wenn sie

(1a) $\qquad a_i \geq 0 \qquad (i = 0, \ldots, k-1),$

(2a) $\qquad a_{i+1} \leq 2 a_i \qquad (i = 0, \ldots, k-2)$

erfüllt.

Definition 4.1: *Ist für jedes $k = 1, \ldots, n$ jeder Vorgeschichte $a_0, \ldots, a_{k-1}$ zum k-ten Spielgang eine Zahl*

$$e_k = e_k(a_0, \ldots, a_{k-1})$$

mit

$$0 \leq e_k \leq a_{k-1}$$

zugeordnet, so sagt man, es sei eine Strategie für n Spielgänge definiert. Die durch

$$e_k = \min [a_{k-1}, (1 - a_{k-1})^+] \qquad (k = 1, \ldots, n)$$

definierte Strategie wird als die kühne Strategie für n Spielgänge bezeichnet.

Diese Definition präzisiert den intuitiven Strategie-Begriff, mit dem wir in den §§ 1–3 gearbeitet hatten. Der Leser möge nun das damals Herausgearbeitete am exakten Strategiebegriff bestätigen.

In die Empirie umgesetzt, liefert eine Strategie für jede Vorgeschichte $a_0, \ldots, a_{k-1}$ zum Spielgang Nr. k die Anweisung, den zulässigen Einsatz $e_k = e_k(a_0, \ldots, a_{k-1})$ zu machen. Mathematisch ist sie nichts weiter als eine Funktion. Daß e_k nur von $a_0, \ldots, a_{k-1}$ abhängen darf, bedeutet, daß der Spieler nicht in die Zukunft schauen kann.

Ist eine Strategie für n Spielgänge gegeben, so ist jedem Anfangskapital $a \geq 0$ und jedem Spielverlauf $x = (x_1, \ldots, x_n)$ vermöge

$$a_0 = a_0(x) = a$$
$$a_1 = a_1(x) = a_0 + x_1 e_1(a_0)$$
$$a_2 = a_2(x) = a_0 + x_1 e_1(a_0) + x_2 e_2(a_0, a_1)$$
$$\ldots\ldots\ldots\ldots\ldots\ldots\ldots\ldots\ldots\ldots\ldots\ldots\ldots$$
$$a_k = a_k(x) = a_0 + \sum_{i=1}^{k} x_i e_i(a_0, \ldots, a_{i-1}) \quad (k \leq n)$$

ein Bilanzpfad eindeutig zugeordnet. Die Bilanzpfade für zwei Spielverläufe $x = (x_1, \ldots, x_n)$, $y = (y_1, \ldots, y_n)$ verlaufen solange gleich, wie die Spielverläufe gleichbleiben: ist $x_1 = y_1, \ldots, x_k = y_k$ so ist

$$a_0(x) = a_0(y) = a_0$$
$$a_1(x) = a_1(y) = a_1$$
$$\ldots\ldots\ldots\ldots\ldots\ldots$$
$$a_k(x) = a_k(y) = a_k$$

Ist erstmals $x_{k+1} \neq y_{k+1}$, etwa $k_{k+1} = +$, $y_{k+1} = -$, so wird

$$a_{k+1}(x) = a_k + e_{k+1}(a_0, \ldots, a_k),$$
$$a_{k+1}(y) = a_k - e_{k+1}(a_0, \ldots, a_k),$$

d.h. die Pfade „trennen sich symmetrisch". Nach dieser Einsicht ist es leicht, sämtliche Bilanzpfade hinzuzeichnen. Wir tun es hier für $n = 4$, $a = \frac{1}{3}$ und $e_k(a_0, \ldots, a_{k-1}) = \frac{1}{2} a_{k-1}$:

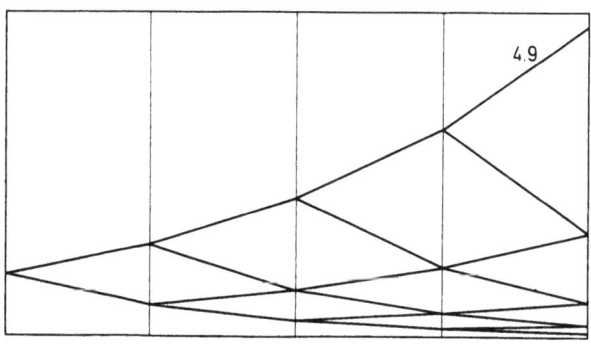

Abb. 12

Für $n=4$, $a=\frac{1}{3}$ und die kühne Strategie entstehen folgende Bilanzpfade (Abb. 13).

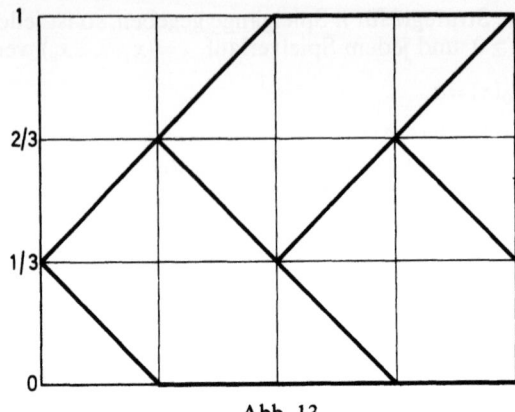

Abb. 13

Man sieht, daß 2 Bilanzpfade mit den Wahrscheinlichkeiten $p \cdot p \cdot 1 \cdot 1 = p^2$ und $p \cdot q \cdot p \cdot p = p^3 q$ auf dem Niveau 1 enden. Da $\frac{5}{2^4} \leq \frac{1}{3} < \frac{6}{2^4}$ ist, entspricht die Summe $p^2 + p^3 q$ genau dem Wert von $P_4(\frac{1}{3})$, wie wir ihn in § 3 zeichnerisch ermittelt hatten. Durch Zeichnen derjenigen „kühnen" Bilanzpfade, die vom Anfangskapital a ausgehen und auf dem Niveau 1 enden, kann man allgemein $P_n(a)$ berechnen: Man hat nur die Wahrscheinlichkeiten dieser Pfade zu addieren.

In jedem Falle bilden die aus einer Strategie für n Spielgänge bei gegebenem Anfangskapital $a \geq 0$ hervorgehenden Bilanzpfade ein geometrisches Gebilde, das man etwa als einen

binären nichtnegativen Baum der Länge n mit symmetrischen Verzweigungen

bezeichnen kann. Aus diesen Bäumen kann man offenbar die Strategie ablesen. Wir sind also berechtigt zu sagen:

Eine Strategie für n Spielgänge angeben, heißt für jedes $a \geq 0$ einen in a beginnenden binären nichtnegativen Baum der Länge n mit symmetrischen Verzweigungen angeben.

Literatur

[1] DUBINS, L., and L. J. SAVAGE: How to gamble if you must, New York (Mc Graw Hill) 1965.

Das kombinatorische Äquivalenzprinzip und das arcsin-Gesetz von E. Sparre Andersen

Traditionell versteht man unter Kombinatorik eine mathematische Disziplin, die sich mit raffinierten Anzahlfragen beschäftigt und, abgesehen von primitiven Anwendungen in der Wahrscheinlichkeitstheorie, vorwiegend Unterhaltungswert besitzt. Auf jeden Fall neigt man zu der Annahme, daß Kombinatorik sich nur mit ganzen Zahlen beschäftigt.

Diese Ansicht trifft für die bis um 1900 gepflegte Kombinatorik, wie sie etwa in dem Buch von NETTO [11] dargestellt ist, vielleicht zu. Welch einen erstaunlichen Aufschwung die „Kombinatorik der ganzen Zahlen" in letzter Zeit wieder genommen hat, kann man aus den Büchern von RIORDAN [12], RYSER [13] und M. HALL [10] entnehmen.

Untersuchungen meist wahrscheinlichkeitstheoretischer Richtung haben jedoch in den letzten Jahrzehnten einige sehr merkwürdige Entdeckungen ans Licht gebracht, die man als „Kombinatorik mit reellen Zahlen" bezeichnen könnte. Vielleicht die schönste und tiefste dieser Entdeckungen ist das kombinatorische Äquivalenzprinzip des dänischen Mathematikers E. SPARRE ANDERSEN.

Es diente ursprünglich zur Begründung eines sog. arcsin-Gesetzes der Wahrscheinlichkeitstheorie. In den nachstehenden Ausführungen soll es, zusammen mit einem sog. arcsin-Gesetz, zunächst losgelöst von der Terminologie und insbesondere ohne Voraussetzung von Kenntnissen aus der Wahrscheinlichkeitstheorie, als rein kombinatorischer Satz behandelt werden. Ich stütze mich dabei auf eine Arbeit von FELLER [8] und zusätzliche Bemerkungen von M. KEANE. Im Anschluß daran wird (§ 4) eine Grenzwertaussage bewiesen, die den Namen „arcsin-Gesetz" rechtfertigt. Zum Abschluß folgt ein Exkurs über die wahrscheinlichkeitstheoretische Bedeutung dieses Gesetzes.

§ 1. Fragestellungen und Beispiele

Wir denken uns ein Bankkonto, auf das insgesamt n Einzahlungen bzw. Abbuchungen ausgeübt werden. Diese Veränderungen halten wir mathematisch in Form einer Serie
$$c_1, c_2, \ldots, c_n$$

von reellen Zahlen fest; $c_k>0$ bedeutet Einzahlung, $c_k<0$ Abbuchung. Der Vollständigkeit halber lassen wir auch den Fall $c_k=0$ zu.

Wir interessieren uns nun für die Abfolge $S_0, S_1, \ldots, S_n$ der Kontostände. Sie hängt natürlich von der Reihenfolge ab, in der die Veränderungen eintreten. Wir wollen stets

$$S_0 = 0$$

voraussetzen: Am Anfang ist das Konto leer.

Treten die Veränderungen in der Reihenfolge ein, in der wir sie oben hingeschrieben haben, so ist

$$S_0 = 0$$
$$S_1 = c_1$$
$$\ldots\ldots\ldots\ldots$$
$$S_k = c_1 + c_2 + \cdots + c_k$$
$$\ldots\ldots\ldots\ldots$$
$$S_n = c_1 + c_2 + \cdots + c_n$$

die Entwicklungsgeschichte des Bankkontos.

Jede andere Reihenfolge der Einzahlungen und Abbuchungen läßt sich durch eine Permutation π der Zahlen $1, \ldots, n$, also eine eineindeutige Abbildung

$$\pi : i \to i\pi \quad (i=1,\ldots,n)$$

der Menge $\{1, 2, \ldots, n\}$ auf sich – wir schreiben eine Abbildung (wie z.B. π) immer rechts von dem Gegenstand, auf den sie wirkt (hier i) – beschreiben:

$$c_{1\pi}, c_{2\pi}, \ldots, c_{n\pi}.$$

Wir setzen

$$S_0(\pi) = 0,$$
$$S_k(\pi) = \sum_{i=1}^{k} c_{i\pi} \quad (k=1,\ldots,n)$$

und erhalten so die zu π gehörige Abfolge:

$$S_0(\pi)=0, S_1(\pi), S_2(\pi), \ldots, S_n(\pi)$$

der Kontostände. Der Endstand $S_n(\pi)$ ist natürlich – unabhängig von π – immer derselbe:

$$S_n(\pi) = c_1 + c_2 + \cdots + c_n$$

für alle π. Für $\pi = \underline{1} =$ identische Permutation erhalten wir die vorhin betrachtete ursprüngliche Reihenfolge.

Die Folge der Kontostände läßt sich bequem durch einen Streckenzug oder *Pfad* veranschaulichen.

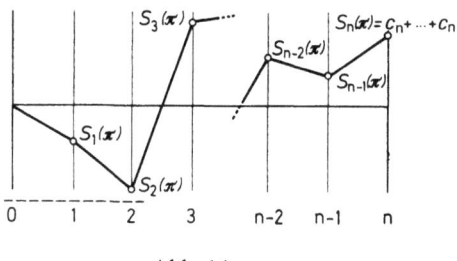

Abb. 14

Für das Verhältnis des Kontoinhabers (Kunden) zu seiner Bank ist es wichtig, daß er sein Konto nicht überzieht, oder wenigstens nicht zu oft. Wie oft sein Kontostand positiv ist, hängt natürlich von der Reihenfolge ab, in der Einzahlungen und Abbuchungen eintreten.

Ist etwa $c_1 + \cdots + c_n = 0$, und finden zuerst alle Abbuchungen statt, so wird das Konto ständig überzogen sein, und erst mit der letzten Einzahlung kann die Bank wieder aufatmen und froh sein, diesen Kunden loszuwerden. Kommen dagegen alle Einzahlungen zuerst, so kommt man nie in die roten Zahlen, und die Bank wird den Kunden stets als kreditwürdig ansehen.

Eine andere interessante Größe ist der maximale Kontostand

$$\max_{0 \leq k \leq n} S_k(\pi).$$

Auch er hängt von der Reihenfolge π ab. Uns werden die Zeitpunkte t, zu denen das Maximum angenommen wird, also

(1) $$S_t(\pi) = \max_{0 \leq k \leq n} S_k(\pi)$$

gilt, besonders interessieren. Gibt es nur Einzahlungen, d.h. gilt $c_1, \ldots, c_n > 0$, so ist $S_0(\pi), S_1(\pi), \ldots, S_n(\pi)$ stets eine streng monoton wachsende Folge. Man hat stets

$$\max_{0 \leq k \leq n} S_k(\pi) = S_n(\pi) = c_1 + \cdots + c_n,$$

und (1) tritt nur für
$$t = n$$

ein. Sind einige $c_i > 0$, andere <0, und kommen in der Abfolge $c_{1\pi},\ldots,c_{n\pi}$ die sämtlichen positiven c_i zuerst, so wird

$$\max_{0 \le k \le n} S_k(\pi) = \sum_{c_i > 0} c_i,$$

und es wird zu einem Zeitpunkt t, der die Anzahl der $c_i > 0$ angibt, zum erstenmal angenommen:

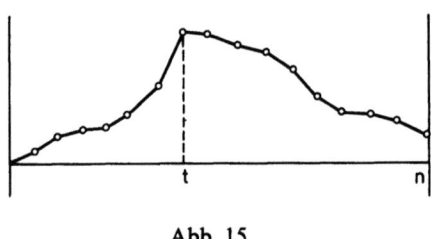

Abb. 15

Kommen die positiven c_i zuletzt, und ist $c_1 + \cdots + c_n > 0$, so ist das Maximum $c_1 + \cdots + c_n$ und wird erst zum Zeitpunkt n angenommen:

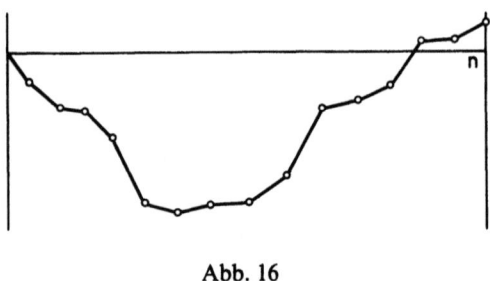

Abb. 16

Eine Aussage des Äquivalenzprinzips, das wir später beweisen wollen, lautet nun:

Sei $0 \leq t \leq n$ beliebig. Dann ist

$$\begin{bmatrix} \text{Anzahl der } \pi, \text{ bei denen es unter den Zahlen } k=1,\ldots,n \text{ genau} \\ t \text{ mit } S_k(\pi) > 0 \text{ gibt} \end{bmatrix}$$

$$= \begin{bmatrix} \text{Anzahl der } \pi, \text{ bei denen } t \text{ die Lage des ersten Maximums in} \\ \text{der Folge } S_0(\pi),\ldots,S_n(\pi) \text{ angibt, d.h. } t \text{ die kleinste Zahl mit} \\ S_t(\pi) = \max_{0 \leq k \leq n} S_k(\pi) \text{ ist} \end{bmatrix}$$

Wir wollen dies zunächst an einem Beispiel für $n=3$ bestätigen. Sei etwa

$$c_1 = -1, \quad c_2 = -2, \quad c_3 = 4,$$

dann endet jeder Pfad in der Höhe

$$c_1 + c_2 + c_3 = 1.$$

Es gibt 6 Anordnungen π der Ziffern 1,2,3. Wir zeichnen also 6 Pfade und schreiben neben jeden die

Anzahl $P(=P(\pi))$ der $k=1,\ldots,n$ mit $S_k(\pi) > 0$

und die

Lage $M(=M(\pi))$ des ersten Maximums in der Folge $S_0(\pi), S_1(\pi),\ldots,S_n(\pi)$:
$$S_M \geq S_k \quad (0 \leq k \leq n),$$
$$S_M > S_0,\ldots,S_{M-1}$$

(vgl. Abb. 17).
Für jedes $t=1,2,3$ ist die

[Anzahl der π, bei denen $P(\pi)=t$ gilt]
= [Anzahl der π, bei denen $=M(\pi)=t$ gilt] $=2$.

Für $t=0$ sind beide Zahlen $=0$. Man sieht auch, daß man c_1, c_2, c_3 ruhig noch etwas hätte abändern können, ohne dies Ergebnis zu stören. Es ist auch noch eine weitere Symmetrie zu erkennen: $P+M = \text{const} = 4$.

Sie ist, im Gegensatz zur obigen Aussage des Äquivalenzprinzips, durch die Wahl der Konstanten c_1, c_2, c_3 bedingt und geht z. B. beim Übergang zu

$$c_1 = 1, \quad c_2 = -2, \quad c_3 = 4$$

verloren, wie Abb. 18 zeigt.

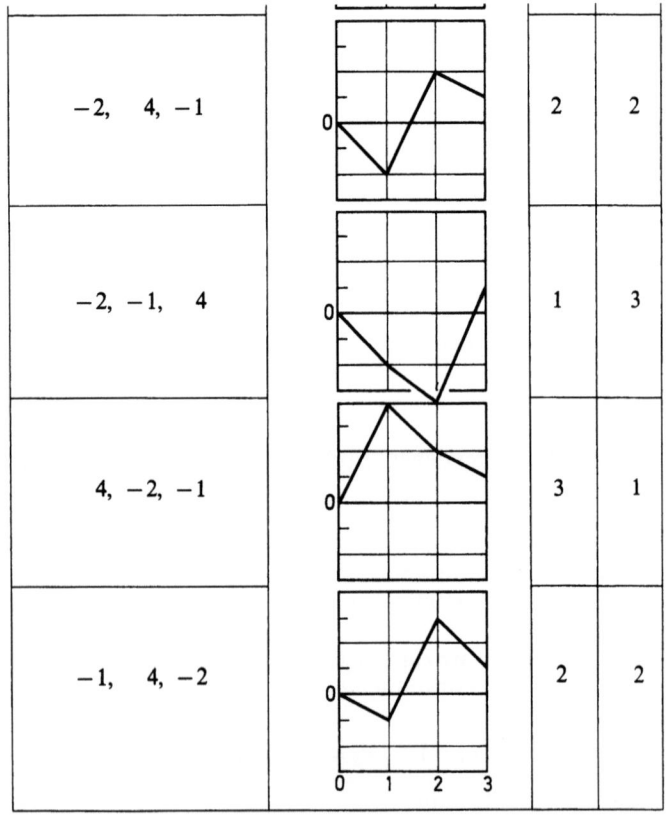

Abb. 17

Anordnung von $c_1=1$, $c_2=-2$, $c_3=4$	Pfad	P	M
1, −2, 4	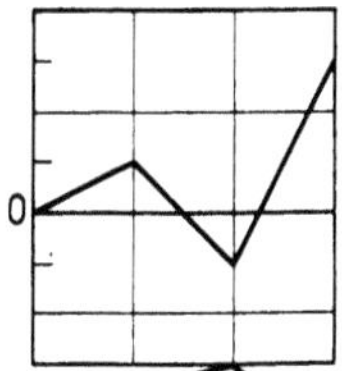	2	3
4, 1, −2	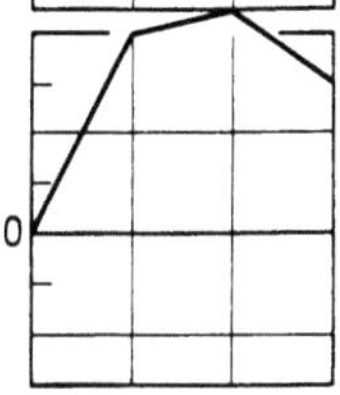	3	2
−2, 4, 1	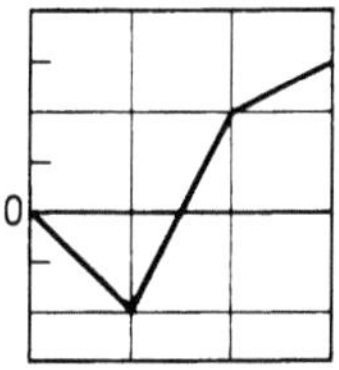	2	3
−2, 1, 4	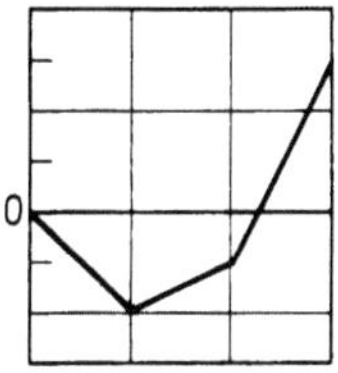	1	3
4, −2, 1	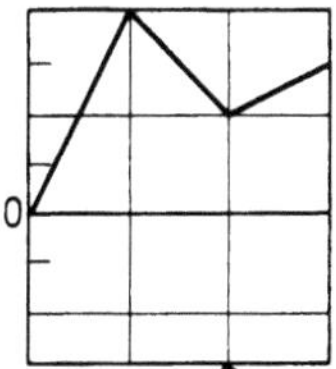	3	1
1, 4, −2	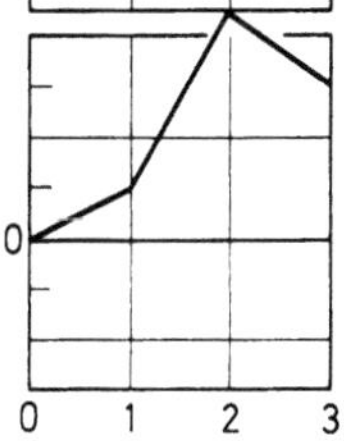	3	2

Abb. 18

Hier gilt für $t = 0, 1, 2, 3$

[Anzahl der π, bei denen $P(\pi) = t$ gilt]
= [Anzahl der π, bei denen $M(\pi) = t$ gilt] $= t$.

§ 2. Das kombinatorische Äquivalenzprinzip

Wir erklären jetzt das mathematische Modell und die Bezeichnungen, in denen wir das kombinatorische Äquivalenzprinzip formulieren wollen.

Sei n eine natürliche Zahl und

$\Pi = \{\pi | \pi$ ist eine eineindeutige Abbildung der Menge $\{1, \ldots, n\}$ auf sich$\}$

die Menge aller Permutationen π der Zahlen $1, \ldots, n$.

Allgemein bezeichnen wir die Mächtigkeit ($=$ Anzahl der Elemente) einer endlichen Menge M mit $|M|$. Es ist also z.B.

$$|\Pi| = n!$$

Seien $c_1, \ldots, c_n$ irgendwelche reelle Zahlen.
Durch

$$x_i(\pi) = c_{i\pi} \qquad (i = 1, \ldots, n),$$
$$S_0(\pi) = 0,$$
$$S_k(\pi) = \sum_{i=1}^{k} x_i(\pi)$$
$$= \sum_{i=1}^{k} c_{i\pi} \qquad (k = 1, \ldots, n)$$

sind reelle Funktionen $x_1, \ldots, x_n$ und $S_0, S_1, \ldots, S_n$ auf Π erklärt. Natürlich ist $S_n(\pi)$ eine Konstante:

$$S_n(\pi) \equiv c_1 + \cdots + c_n.$$

Wir erklären weitere Funktionen auf Π folgendermaßen:

$P(\pi) =$ Anzahl der strikt positiven $S(\pi)$ mit $k > 0$
$= |\{k | \ 0 < k \leq n, S_k(\pi) > 0\}|;$

$P^*(\pi) =$ Anzahl der nichtnegativen $S_k(\pi)$ mit $k > 0$
$= |\{k | \ 0 < k \leq n, S_k(\pi) \geq 0\}|;$

$N(\pi) =$ Anzahl der strikt negativen $S_k(\pi)$ mit $k > 0$
$= |\{k | \ 0 < k \leq n, S_k(\pi) < 0\}|;$

$N^*(\pi) =$ Anzahl der nichtpositiven $S_k(\pi)$ mit $k>0$
$\quad = |\{k| \ 0<k\leq n, S_k(\pi)\leq 0\}|;$
$M(\pi) =$ Lage des ersten Maximums der $S_k(\pi)$
$\quad = \min\{k| \ S_k(\pi)\geq S_j(\pi) \quad (0\leq j\leq n)\};$
$M^*(\pi) =$ Lage des letzten Maximums der $S_k(\pi)$
$\quad = \max\{k| \ S_k(\pi)\geq S_j(\pi) \quad (0\leq j\leq n)\};$
$m(\pi) =$ Lage des ersten Minimums der $S_k(\pi)$
$\quad = \min\{k| \ S_k(\pi)\leq S_j(\pi) \quad (0\leq j\leq n)\};$
$m^*(\pi) =$ Lage des letzten Minimums der $S_k(\pi)$
$\quad = \max\{k| \ S_k(\pi)\leq S_j(\pi) \quad (0\leq j\leq n)\}.$

Das Äquivalenzprinzip ist eine Aussage über die Gleichmächtigkeit bestimmter Teilmengen von Π, wie z. B.

$$\{\pi|P(\pi)=t\} \quad \text{und} \quad \{\pi|M(\pi)=t\}.$$

Wir kürzen die Bezeichnung etwas ab und schreiben stattdessen z. B.

$$\{P=t\} \quad \text{und} \quad \{M=t\}.$$

Man hat also z. B.

$$\{M=t\} = \{\pi|S_0(\pi),\ldots,S_{t-1}(\pi) < S_t(\pi) \geq S_{t+1}(\pi),\ldots,S_n(\pi)\}.$$

Satz 2.1 (Kombinatorisches Äquivalenzprinzip):
Bei beliebiger Wahl der reellen Zahlen $c_1,\ldots,c_n$ gilt

1) $|\{M=t\}| = |\{P=t\}| \quad (t=0,\ldots,n),$
2) $|\{M^*=t\}| = |\{P^*=t\}| \quad (t=0,\ldots,n),$
3) $|\{m=t\}| = |\{N=t\}| \quad (t=0,\ldots,n),$
4) $|\{m^*=t\}| = |\{N^*=t\}| \quad (t=0,\ldots,n).$

In speziellen Fällen ist die Richtigkeit dieser Aussage sofort zu erkennen. Ist z. B. $c_1,\ldots,c_n>0$, so ist $M\equiv n$ und $P\equiv n$, also

$$|\{M=t\}| = |\{P=t\}| = \begin{cases} n! & \text{für } t=n, \\ 0 & \text{sonst.} \end{cases}$$

Beweis von Satz 2.1: Wir werden später eine Induktion nach n ansetzen, beweisen jedoch zunächst:

A) die Aussagen 1) und 4) sind äquivalent, genauer

(1) $\quad |\{P=t\}| = |\{N^*=n-t\}| \quad \Big\}$
(2) $\quad |\{M=t\}| = |\{m^*=n-t\}| \quad \Big\} \quad (t=0,\ldots,n);$

in der Tat: 1) besagt, daß die linken Seiten von (1) und (2) für $t=0,\ldots,n$ stets übereinstimmen; es stimmen dann also auch die rechten Seiten von (1) und (2) für $t=0,\ldots,n$ überein, und dies besagt 4). Der Schluß von 4) auf 1) mittels (1) und (2) geht natürlich genau so.

Beweisen wir also (1) und (2). Die Gleichung (1) ist trivial; es gilt sogar

$$P+N^*=n$$

und folglich

$$\{P=t\}=\{N^*=n-t\}$$

(wenn genau t der n Zahlen $S_1(\pi),\ldots,S_n(\pi)$ strikt positiv sind, sind die übrigen $n-t$ eben nichtpositiv).

Gleichung (2) ist nicht ganz trivial. Wir beweisen sie, indem wir die Mengen $\{M=t\}$ und $\{m^*=n-t\}$ eineindeutig aufeinander abbilden. Diese Abbildung erklären wir, anschaulich mit Hilfe der Pfade ausgedrückt, durch eine Drehung dieser Pfade um 180°. Es ist anschaulich klar, daß dabei ein Pfad, der sein erstes Maximum bei t hat, in einen Pfad übergeht, der sein letztes Minimum bei $n-t$ hat, und umgekehrt:

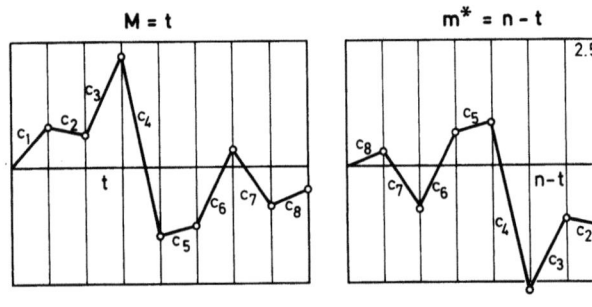

Abb. 19

Rechnerisch besagt die Drehung um 180° einfach, daß die Anordnung

$$c_{1\pi},c_{2\pi},\ldots,c_{(n-1)\pi},c_{n\pi}$$

durch die inverse Anordnung

$$c_{n\pi},c_{(n-1)\pi},\ldots,c_{2\pi},c_{1\pi}$$

ersetzt wird. Der exakte rechnerische Beweis sieht so aus:
Sei

$$\rho:i\to n+1-i \quad (i=1,\ldots,n)$$

diejenige Permutation $\rho \in \Pi$, die die Reihenfolge umkehrt. Die Abbildung
$$\pi \to \rho \pi$$
(Permutationen sind in der Reihenfolge auszuführen, in der sie stehen) führt Π eineindeutig in sich über. Wir zeigen, daß dabei $\{M=t\}$ in $\{m^*=n-t\}$ übergeht, daß also
$$M(\pi)=t \quad \text{mit} \quad m^*(\rho \pi)=n-t$$
gleichbedeutend ist.

Jedenfalls ist $M(\pi)=t$ mit
$$\sum_{i=1}^{k} x_i(\pi) < \sum_{i=1}^{t} x_i(\pi) \quad (0 \leq k < t),$$
$$\sum_{i=0}^{j} x_i(\pi) \leq \sum_{i=1}^{t} x_i(\pi) \quad (t < j \leq n)$$
gleichbedeutend, d.h. mit
$$\sum_{i=1}^{k} c_{i\pi} < \sum_{i=1}^{t} c_{i\pi} \quad (0 \leq k < t),$$
$$\sum_{i=0}^{j} c_{i\pi} \leq \sum_{i=1}^{t} c_{i\pi} \quad (t < j \leq n)$$
und somit (man subtrahiere diese Ungleichungen von der Gleichung $c_{1\pi}+\cdots+c_{n\pi}=c_{1\pi}+\cdots+c_{n\pi}$) auch mit
$$\sum_{i=k+1}^{n} c_{i\pi} > \sum_{i=t+1}^{n} c_{i\pi} \quad (0 \leq k < t),$$
$$\sum_{i=j+1}^{n} c_{i\pi} \geq \sum_{i=t+1}^{n} c_{i\pi} \quad (t < j \leq n).$$

Jede dieser *bis n* laufenden Summen kann man nun mittels ρ in eine *von 0 an* laufende Summe umschreiben. So erhält man
$$\sum_{i=0}^{r} c_{i\rho\pi} > \sum_{i=0}^{n} c_{i\rho\pi} \quad (n-t < r \leq n),$$
$$\sum_{i=0}^{n} c_{i\rho\pi} \geq \sum_{i=0}^{n-t} c_{i\rho\pi} \quad (0 \leq v < n-t),$$

was man leicht in die Aussage

$$m^*(\rho\pi)=n-t$$

zurückübersetzt. Damit ist (2) bewiesen.

B) Nun zeigen wir, daß 1) für beliebige n und beliebige reelle Zahlen $c_1,\ldots,c_n$ tatsächlich gilt, und zwar durch vollständige Induktion nach n.

Für $n=1$ hat man es nur mit einem c_1 und einer Permutation – der identischen – zu tun.

Ist $c_1>0$, so ist $M\equiv 1\equiv P$; ist $c_1\leq 0$, so ist $M\equiv 0\equiv P$; in beiden Fällen ist (1) trivialerweise erfüllt.

Wir nehmen nun an, 1) sei für alle Werte von 1 bis n schon bewiesen und beweisen es jetzt für $n+1$. Wir unterscheiden zwei Fälle.

Fall I: $c_1+\cdots+c_{n+1}\leq 0$, dann ist für jede Permutation π von $\{1,\ldots,n+1\}$

$$S_{n+1}(\pi)=c_1+\cdots+c_{n+1}\leq 0,$$

und $n+1$ kommt weder als Anzahl der strikt positiven $S_t(\pi)$ noch als Lage eines Maximums in Frage: Stets gilt $M<n+1$, $P(\pi)<n+1$, also

$$|\{M=n+1\}|=0=|\{P=n+1\}|,$$

und wir brauchen uns mit den Mengen $\{M=t\}$ und $\{P=t\}$ nur mehr für $t\leq n$ zu beschäftigen. Wir zerlegen diese Mengen nach dem Wert von $(n+1)\pi$ in Untermengen und erhalten zunächst

$$|\{M=t\}|=\sum_{j=1}^{n+1}|\{\pi|M(\pi)=t,(n+1)\pi=j\}|.$$

Für jedes π aus der in dieser Summe an j-ter Stelle auftretenden Menge endet die Serie $c_{1\pi},\ldots,c_{n\pi},c_{(n+1)\pi}$ mit $c_{(n+1)\pi}=c_j$ und die Zahlen $c_{1\pi},\ldots,c_{n\pi}$ sind die n Zahlen $c_1,\ldots,c_{j-1},c_{j+1},\ldots,c_{n+1}$ in irgendeiner derjenigen Anordnungen, bei denen das Maximum der Partialsummen $c_{1\pi}+\cdots+c_{k\pi}$ ($k=0,\ldots,n$) für $k=t$ zum erstenmal angenommen wird. Nach der Induktionsannahme gibt es genau soviele Anordnungen dieser Art, wie es Anordnungen gibt, bei denen diese Anzahl der strikt positiven unter diesen Partialsummen genau t ist, da $S_{n+1}(\pi)\leq 0$ gilt, ist diese Anzahl gleich $P(\pi)$, und wir können fortfahren

$$=\sum_{j=1}^{n+1}|\{\pi|P(\pi)=t,(n+1)\pi=j\}|$$
$$=|\{P=t\}|.$$

Fall II: $c_1+\cdots+c_{n+1}>0$, dann ist stets $P(\pi)>0$ und $M(\pi)>0$, also

$|\{M=0\}|$ und $|\{P=0\}|=0$.

Wir betrachten jetzt eine Zahl $t>0$ und beginnen mit

$$|\{P=t\}|=\sum_{j=1}^{n+1}|\{\pi|P(\pi)=t,(n+1)\pi=j\}|.$$

Für jedes π aus der in dieser Summe an j-ter Stelle auftretenden Menge endet die Serie $c_{1\pi},\ldots,c_{n\pi},c_{(n+1)\pi}$ mit c_j und die Zahlen $c_{1\pi},\ldots,c_{n\pi}$ sind die n Zahlen $c_1,\ldots,c_{j-1},c_{j+1},\ldots,c_{n+1}$ in irgendeiner derjenigen Anordnungen, bei denen sich unter den n Partialsummen $c_{1\pi}+\cdots+c_{k\pi}$ $(k=0,\ldots,n)$ genau $t-1$ strikt positive befinden. Nach der Induktionsannahme gibt es genau soviele derartige Anordnungen, wie solche, bei denen die Folge der Partialsummen $c_{1\pi}+\cdots+c_{k\pi}$ $(k=0,\ldots,n)$ ihr erstes Maximum bei $t-1$ annimmt. Nun benützen wir (2) und finden:

Es gibt genau soviele derartige Anordnungen wie solche, bei denen die Folge der Partialsummen $c_{1\pi}+\cdots+c_{k\pi}$ $(k=0,\ldots,n)$ ihr *letztes Minimum* an der Stelle $n-(t-1)=(n+1)-1$ annimmt. Nehmen wir noch die letzte Partialsumme $c_{1\pi}+\cdots+c_{n\pi}+c_{(n+1)\pi}>0$ hinzu, so erhalten wir eine Folge von Partialsummen $c_{1\pi}+\cdots+c_{k\pi}$ $(k=0,\ldots,n+1)$, deren letztes Minimum immer noch bei $(n+1)-t$ liegt, denn diese Hinzunahme ändert weder den Wert des Minimums noch die Lage der Stellen, an denen es angenommen wird. Wir dürfen also fortfahren

$$=\sum_{j=1}^{n+1}|\{\pi|m^*(\pi)=(n+1)-t,(n+1)\pi=j\}|$$

$$=|\{m^*=(n+1)-t\}|$$

$$=|\{M=t\}|$$

unter nochmaliger Benützung von (2).

Damit ist 1) vollständig bewiesen.

C) Ersetzt man $c_1,\ldots,c_n$ durch $-c_1,\ldots,-c_n$, so ergibt sich die Äquivalenz von 1) mit 3) und die von 2) mit 4). Im Falle von 3) sieht das im einzelnen so aus:

Legt man $-c_1,\ldots,-c_n$ statt $c_1,\ldots,c_n$ zugrunde, so erhält man neue Funktionen, die wir mit $x_k^-(\pi)$, $S_k^-(\pi)$, $P^-(\pi)$, $N^-(\pi)$, $m^-(\pi)$ etc. bezeichnen wollen. Sie stehen zu den ursprünglichen Funktionen

$x_t(\pi)$, $S_t(\pi)$, $P(\pi)$, $N(\pi)$, $m(\pi)$ etc. in einfacher Beziehung, die anschaulich durch Umklappen der Pfade um die Horizonalachse gegeben ist:

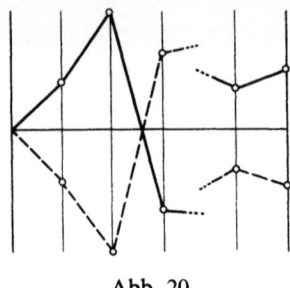

Abb. 20

Formelmäßig haben wir:

$$\left.\begin{array}{ll} x_i^-(\pi) = -x_i(\pi) & (i = 1,\ldots,n) \\ S_k^-(\pi) = -S_k(\pi) & (k = 0,1,\ldots,n) \end{array}\right\} (\pi \in \Pi),$$

$$P^-(\pi) = N(\pi),$$

$$M^-(\pi) = m(\pi)$$

etc.

Wir erhalten somit

$$|\{m = t\}| = |\{M^-(\pi) = t\}|$$
$$= |\{P^-(\pi) = t\}|$$
$$= |\{N(\pi) = t\}|,$$

wobei das zweite Gleichheitszeichen durch Anwendung von 1) auf $-c_1,\ldots,-c_n$ gerechtfertigt wird. Damit ist 3) bewiesen. Analog verfährt man mit 2).

§ 3. Das kombinatorische arcsin-Gesetz

Nachdem wir im kombinatorischen Äquivalenzprinzip die Gleichheit gewisser Anzahlen bewiesen haben, wären wir natürlich sehr daran interessiert, diese Anzahlen exakt – etwa in Gestalt einer universellen Formel – zu bestimmen. Die beiden in § 1 durchgerechneten Beispiele zeigen jedoch, daß diese Anzahlen bei verschiedener Wahl von $c_1,\ldots,c_n$ verschieden ausfallen können. An eine universelle Formel scheint also nicht zu denken.

Es hat sich jedoch herausgestellt, daß man in einer anderen Situation, die formal komplizierter, aber in sich symmetrischer ist, die Anzahlbestimmung tatsächlich durchführen kann. Diese neue Situation unterscheidet sich von der alten dadurch, daß man nicht nur die *Reihenfolge*, sondern auch den *Charakter* (Einzahlung oder Abbuchung) der Kontoveränderungen variieren läßt, sich also nicht mehr nur mit der Zahlenreihe $c_1, \ldots, c_n$, sondern mit allen Zahlenreihen $\pm c_1, \ldots, \pm c_n$ (mit beliebiger Verteilung der Vorzeichen) beschäftigt.

1. Ein erweitertes Modell

Um das Gemeinte exakt zu verarbeiten, konstruieren wir ein neues Modell. Es benützt neben der Menge Π aller Permutationen π von $\{1, \ldots, n\}$ auch die Menge

$$S = \{s = (s_1, \ldots, s_n) \mid s_i = \pm 1 \, (i = 1, \ldots, n)\}$$

aller Vorzeichenverteilungen auf n Stellen. Als Grundmenge, auf der wir nachher unsere Funktionen x_i, S_k, P, M etc. definieren werden, nehmen wir jetzt das cartesische Produkt

$$S \times \Pi = \{(s, \pi) \mid s \in S, \pi \in \Pi\}.$$

Für ein beliebiges n-tupel reeller Zahlen $c_1, \ldots, c_n$ definieren wir jetzt auf $S \times \Pi$ die folgenden Funktionen:

$$x_i(s, \pi) = s_{i\pi} c_{i\pi} \qquad (i = 1, \ldots, n),$$

$$S_0(s, \pi) \equiv 0,$$

$$S_k(s, \pi) = \sum_{i=1}^{k} x_i(s, \pi)$$

$$= \sum_{i=1}^{k} s_{i\pi} c_{i\pi} \qquad (k = 1, \ldots, n)$$

und anschließend wieder

$P(s, \pi) =$ Anzahl der strikt positiven $S_k(s, \pi)$ mit $k > 0$

$\qquad = |\{k \mid 0 < k \leq n, S_k(s, \pi) > 0\}|,$

$P^*(s, \pi) =$ Anzahl der nichtnegativen $S_k(s, \pi)$ mit $k > 0$

$\qquad = |\{k \mid 0 < k \leq n, S_k(s, \pi) \geq 0\}|,$

$N(s, \pi) =$ Anzahl der strikt negativen $S_k(s, \pi)$ mit $k > 0$

$\qquad = |\{k \mid 0 < k \leq n, S_k(s, \pi) < 0\}|,$

$N^*(s,\pi)$ = Anzahl der nichtpositiven $S_k(s,\pi)$ mit $k>0$
$\quad = |\{k|\, 0 < k \leq n, S_k(s,\pi) \leq 0\}|$,

$M(s,\pi)$ = Lage des ersten Maximums der $S_k(s,\pi)$
$\quad = \min\{k|\, S_k(s,\pi) \geq S_j(s,\pi) \quad (0 \leq j \leq n)\}$,

$M^*(s,\pi)$ = Lage des letzten Maximums der $S_k(s,\pi)$
$\quad = \max\{k|\, S_k(s,\pi) \geq S_j(s,\pi) \quad (0 \leq j \leq n)\}$,

$m(s,\pi)$ = Lage des ersten Minimums der $S_k(s,\pi)$
$\quad = \min\{k|\, S_k(s,\pi) \leq S_j(s,\pi) \quad (0 \leq j \leq n)\}$,

$m^*(s,\pi)$ = Lage des letzten Minimums der $S_k(s,\pi)$
$\quad = \max\{k|\, S_k(s,\pi) \leq S_j(s,\pi) \quad (0 \leq j \leq n)\}$.

2. Das kombinatorische Äquivalenzprinzip für das erweiterte Modell

Wir zeigen jetzt, daß das kombinatorische Äquivalenzprinzip im neuen Modell nichts von seiner Gültigkeit verloren hat:

Satz 3.1: *Bei beliebiger Wahl der reellen Zahlen* $c_1, \ldots, c_n$ *gilt*

1) $|\{M\ \ = t\}| = |\{P\ \ = t\}| \quad (t = 0, \ldots, n)$,

2) $|\{M^* = t\}| = |\{P^* = t\}| \quad (t = 0, \ldots, n)$,

3) $|\{m\ \ = t\}| = |\{N\ \ = t\}| \quad (t = 0, \ldots, n)$,

4) $|\{m^* = t\}| = |\{N^* = t\}| \quad (t = 0, \ldots, n)$.

Beweis: Wir wenden Satz 2.1 auf jede der Folgen $s_1 c_1, \ldots, s_n c_n$ an, bezeichnen dazu die für diese Folge wie in § 2 definierten Funktionen mit $M_s(\pi)$, $P_s(\pi)$ etc. Dann ergibt sich $M(s,\pi) = M_s(\pi)$, $P(s,\pi) = P_s(\pi)$ etc. und somit

$$|\{M = t\}| = |\{(s,\pi)|\, M(s,\pi) = t\}|$$

$$= \sum_{s \in S} |\{\pi|\, M(s,\pi) = t\}|$$

$$= \sum_{s \in S} |\{\pi|\, M_s(\pi) = t\}|.$$

Nach Satz 2.1 geht es weiter mit

$$= \sum_{s \in S} |\{\pi | P_s(\pi) = t\}|$$
$$= |\{P = t\}|;$$

damit ist 1) gezeigt. Ebenso folgen die anderen Aussagen.

Die Leichtigkeit, mit der sich das kombinatorische Äquivalenzprinzip auf eine neue Situation ausdehnen läßt, rechtfertigt die Vermutung, daß es noch unter erheblich allgemeineren Bedingungen gilt, und zwar aufgrund rein routinemäßiger Zusatzüberlegungen. Das ist im Rahmen der Wahrscheinlichkeitstheorie tatsächlich der Fall (vgl. Sparre Andersen [1, 2], Feller [9]).

3. Das kombinatorische arcsin-Gesetz

Definition 3.2: *Eine Serie $c_1, \ldots, c_n$ von n-reellen Zahlen heißt S-unabhängig, wenn für jedes $s = (s_1, \ldots, s_n) \in S$ und jede nichtleere Teilmenge I von $\{1, \ldots, n\}$ stets*

(1) $$\sum_{i \in I} s_i c_i \neq 0$$

gilt.

Die S-Unabhängigkeit einer Serie $c_1, \ldots, c_n$ impliziert z. B., daß die Funktionen $S_1(s, \pi), \ldots, S_n(s, \pi)$ niemals den Wert 0 annehmen, denn ihre Werte $S_k(s, \pi) = \sum_{i=1}^{k} s_{i\pi} c_{i\pi}$ haben immer die Gestalt der linken Seite von (1). Insbesondere sind die $c_1, \ldots, c_n$ sämtlich von 0 verschieden.

Die S-Unabhängigkeit impliziert ferner, daß für beliebige s, π in der Folge $S_0(s, \pi), S_1(s, \pi), \ldots, S_n(s, \pi)$ keine Wiederholung auftritt. Denn hätte man etwa $0 \leq k < j \leq n$ mit

$$S_k(s, \pi) = s_{1\pi} c_{1\pi} + \cdots + s_{k\pi} c_{k\pi}$$
$$= S_j(s, \pi) = s_{1\pi} c_{1\pi} + \cdots + s_{k\pi} c_{k\pi}$$
$$\quad + s_{(k+1)\pi} c_{(k+1)\pi} + \cdots + s_{j\pi} c_{j\pi},$$

so ergäbe sich

$$s_{(k+1)\pi} c_{(k+1)\pi} + \cdots + s_{j\pi} c_{j\pi} = 0,$$

d. h. ein Widerspruch zu einer der Ungleichungen (1). Hieraus folgt, daß für S-unabhängige $c_1, \ldots, c_n$ stets

$$M = M^*,$$
$$m = m^*$$

gilt: Maximum wie Minimum werden je nur einmal angenommen.

Jedes außerhalb der endlich vielen Hyperebenen $(c_1,\ldots,c_n) | \sum_{i\in I} s_i c_i = 0$ $(0 \neq I \subseteq \{1,\ldots,n\})$ gelegene n-tupel ist S-unabhängig. Damit haben wir „fast alle" n-tupel als S-unabhängig erkannt. Insbesondere bilden die S-unabhängigen n-tupel eine in R^n dichte Menge. Sorgt man z. B. für

$$|c_k| > \sum_{i=1}^{k-1} |c_i| \quad (k=2,\ldots,n),$$

so kann man sicher sein, ein S-unabhängiges n-tupel $(c_1,\ldots,c_n)$ zu erhalten.

Zur Vorbereitung des gewünschten Satzes dient das

Lemma 3.3: *Sei für* $n=0,1,\ldots$

$$A_n(t) = \binom{2t}{t}\binom{2(n-t)}{n-t}\frac{n!}{2^n} \quad (t=0,\ldots,n),$$

dann gilt die Symmetriebeziehung

(2) $\qquad A_n(t) = A_n(n-t) \quad (t=0,\ldots,n),$

und man hat

(3) $\qquad \sum_{t=0}^{n} A_n(t) = 2^n n! = |S \times \Pi| \quad (n \geq 1).$

Beweis: (2) ist trivial. (3) ist, wenn man

$$a_n(t) = \frac{A_n(t)}{2^n n!} = \binom{2t}{t}\binom{2(n-t)}{n-t}\frac{1}{2^{2n}}$$

setzt, mit

$$\sum_{t=0}^{n} a_n(t) = 1$$

gleichbedeutend. Dies wiederum beweist man am schnellsten so:

$$a_n(t) = \binom{-\frac{1}{2}}{t}\binom{-\frac{1}{2}}{n-t}(-1)^n,$$

$$\binom{-\frac{1}{2}}{t}\binom{-\frac{1}{2}}{n-t}(-1)^n =$$

$$= \frac{(-\frac{1}{2})(-\frac{1}{2}-1)\ldots(-\frac{1}{2}-t+1)\cdot(-\frac{1}{2})(-\frac{1}{2}-1)\ldots(-\frac{1}{2}-n+t+1)}{t!\qquad\qquad(n-t)!}(-1^n)$$

$$= \frac{1\cdot 3\ldots(2t-1)\cdot 1\cdot 3\ldots(2(n-t)-1)}{t!\, 2^t (n-t)!\; 2^{n-t}}$$

$$= \frac{1\cdot 2\ldots 2t \cdot 1\cdot 2\ldots 2(n-t)}{t!\; t!\; 2^{2t}\; (n-t)!\; (n-t)!\; 2^{2(n-t)}}$$

$$= \binom{2t}{t}\binom{2(n-t)}{n-t} 2^{\frac{1}{2n}}$$

$$= a_n(t).$$

Nun ist für $|x| < 1$

$$\frac{1}{\sqrt{1-x}} = \sum_{t=0}^{\infty} \binom{-\frac{1}{2}}{t}(-1)^t x^t,$$

also

$$\frac{1}{1-x} = \left(\frac{1}{\sqrt{1-x}}\right)^2 = \left(\sum_{t=0}^{\infty} \binom{-\frac{1}{2}}{t}(-1)^t x^t\right)^2$$

$$= \sum_{n=0}^{\infty} \left[\sum_{t=0}^{n} \binom{-\frac{1}{2}}{t}\binom{-\frac{1}{2}}{n-t}(-1)^t(-1)^{n-t}\right]x^n$$

$$= \sum_{n=0}^{\infty} \left[\sum_{t=0}^{n} a_n(t)\right]x^n.$$

Koeffizientenvergleich mit

$$\frac{1}{1-x} = \sum_{n=0}^{\infty} x^n$$

liefert die Behauptung.

Satz 3.4 (Kombinatorisches arcsin-Gesetz): Seien $c_1,\ldots,c_n$ S-unabhängige reelle Zahlen, dann gilt

$$|\{M=t\}| = |\{P=t\}| = \binom{2t}{t}\binom{2(n-t)}{n-t}\frac{n!}{2^n} = A_n(t) \quad (t=0,\ldots,n).$$

Bemerkung: Der Name „arcsin-Gesetz" rührt von einer Grenzwertaussage her, auf die wir in § 4 eingehen.

Beweis: Wir führen den Beweis durch vollständige Induktion nach n.

1) Für $n=1$ besteht Π aus einer einzigen Permutation, nämlich der identischen Permutation $\underline{1}$.
Dagegen ist

$$S=\{(1),(-1)\}, \quad \text{also} \quad S\times\Pi=\{((1),\underline{1}),((-1),\underline{1})\}.$$

Ferner wird

$$S_1(s,\underline{1})=\begin{cases} c_1 & \text{für} \quad s=(1), \\ -c_1 & \text{für} \quad s=(-1), \end{cases}$$

und man liest sofort ab:

I. im Falle $c_1>0$

liegt das erste Maximum $\begin{cases} \text{für} \quad s=(1) & \text{bei} \quad 1, \\ \text{für} \quad s=(-1) & \text{bei} \quad 0; \end{cases}$

ist die Anzahl der strikt positiven $S_k \begin{cases} \text{für} \quad s=(1) & \text{gleich} \quad 1, \\ \text{für} \quad s=(-1) & \text{gleich} \quad 0. \end{cases}$

II. im Falle $c_1<0$ ist alles gerade umgekehrt.

In beiden Fällen ist

$$|\{M=0\}|=|\{P=0\}|=1=\binom{0}{0}\binom{2}{1}-\tfrac{1}{2}\cdot 1!=A_1(0)$$
$$=A_1(1)=|\{M=1\}|=|\{P=1\}|.$$

2) Angenommen, man hat die Aussage des Satzes bis $n-1$ schon bewiesen. Nun betrachten wir ein S-unabhängiges n-tupel $(c_1,\ldots,c_n)$ von reellen Zahlen. Wir erinnern uns zunächst, daß Maximum und Minimum der Folge $S_0,\ldots,S_n$ wegen der S-Unabhängigkeit nur einmal angenommen werden. Wir erhalten daher

$$|\{M=t\}|=|\{(s,\pi)|S_k(s,\pi)<S_t(s,\pi) \quad (k<t),$$
$$S_j(s,\pi)<S_t(s,\pi) \quad (j>t)\}|.$$

Die hier beschriebene Menge zerlegen wir ja nach der Gestalt der Menge $\{1\pi,\ldots,t\pi\}$. Diese Menge ist ja jedenfalls irgendeine Teilmenge I von $N_n=\{1,\ldots,n\}$ mit $|I|=t$. Wir können im Falle für $0<t<n$ also fortfahren

$$= \sum_{I \subseteq N_n, |I|=t} |\{(s,\pi)|\{1\pi,\ldots,t\pi\} = I, \{(t+1)\pi,\ldots,n\pi\} = N_n - I,$$
$$S_k(s,\pi) < S_t(s,\pi) \quad (k<t),$$
$$S_j(s,\pi) < S_t(s,\pi) \quad (j>t)\}|.$$

Nun sehen wir uns jede der hier auftretenden Mengen einzeln an. Man erhält, bei gegebenem I, ein (s,π), das zur Menge

$$\{(s,\pi)|\{1\pi,\ldots,t\pi\} = I, S_k(s,\pi) < S_t(s,\pi) \quad (k<t),$$
$$S_j(s,\pi) < S_t(s,\pi) \quad (j>t)\};$$
$$= \{(s,\pi)|\{1\pi,\ldots,t\pi\} = I, \sum_{i=1}^{k} s_{i\pi}c_{i\pi} < \sum_{n=1}^{t} s_{i\pi}c_{i\pi} \quad (k<t),$$
$$\{(t+1)\pi,\ldots,n\pi\} = N_n - I, \sum_{i=1}^{j} s_{i\pi}c_{i\pi} < \sum_{i=1}^{t} s_{i\pi}c_{i\pi} \quad (j>t)\};$$
$$= \{(s,\pi)|\{1\pi,\ldots,t\pi\} = I, \sum_{i=1}^{k} s_{i\pi}c_{i\pi} < \sum_{i=1}^{t} s_{i\pi}c_{i\pi} \quad (k<t),$$
$$\{(t+1)\pi,\ldots,n\pi\} = N_n - I, \sum_{i=1}^{j} s_{(t+i)\pi}c_{(t+i)\pi} < 0 \quad (j \leq n-t)\}$$

gehört, indem man unabhängig

1. die $s_r = \pm 1$ ($r \in I$) und eine Anordnung $1\pi,\ldots,t\pi$ der t Elemente von I derart bestimmt, daß das Maximum der Partialsummen

$$\sum_{i=1}^{k} s_{i\pi}c_{i\pi} \quad (k=0,\ldots,t)$$

erst zum letztmöglichen Zeitpunkt t angenommen wird; hierbei treten nur die c_r mit $r \in I$ in Erscheinung.

2. Die $s_r = \pm 1$ ($r \notin I$) und eine Anordnung $(t+1)\pi,\ldots,(t+1)\pi$ der $n-t$ Elemente von $N_n - I$ derart bestimmt, daß die Partialsummen

$$\sum_{i=1}^{j} s_{(t+i)\pi}c_{(t+i)\pi} \quad (j=0,\ldots,n-t)$$

alle strikt negativ werden; hierbei treten nur die c_r mit $r \notin I$ in Erscheinung.

Da $t<n$ und $n-t<n$ ist, können wir auf die Anzahl dieser Wahlmöglichkeiten die Induktionsannahme anwenden und erhalten unter Nr. 1 $A_t(t)$, unter Nr. 2 $A_{n-t}(n-t)$ Wahlmöglichkeiten.

Somit ist

$$|\{M=k\}| = \sum_{I \subseteq N_n, |I|=k} A_t(t) A_{n-t}(n-t)$$

$$= \binom{n}{t} A_t(t) A_{n-t}(n-t)$$

$$= \frac{n!}{t!\,(n-t)!} \binom{2t}{t}\binom{0}{0}\frac{t!}{2^t} \binom{2(n-t)}{n-t}\binom{0}{0}\frac{(n-t)!}{2^{n-t}}$$

$$= \binom{2t}{t}\binom{2(n-t)}{n-t}\frac{n!}{2^n} = A_n(t)$$

wie gewünscht.

Die Fälle $t=0$ und $t=n$ erledigen sich jetzt leicht durch Symmetriebetrachtungen: Die Abbildung

$$(s, \pi) \to (-s, \pi)$$

– natürlich ist $-s = (-s_1, \ldots, -s_n)$ gemeint, wenn $s = (s_1, \ldots, s_n)$ ist – führt die Mengen $\{M=0\}$ und $\{M=n\}$ eineindeutig ineinander über. Es ist also wegen $\sum_{t=0}^{n} A_n(t) = 2^n n!$

$$|\{M=0\}| = |\{M=n\}|$$

$$= \tfrac{1}{2}\left[2^n n! - \sum_{t=1}^{n-1} A_n(t)\right]$$

$$= \tfrac{1}{2}\left[\sum_{t=0}^{n} A_n(t) - \sum_{k=1}^{n-1} A_n(t)\right]$$

$$= \tfrac{1}{2}(A_n(0) + A_n(n))$$

$$= A_n(0) = A_n(n),$$

denn man hat ja auch $A_n(0) = A_n(n)$.

Damit ist unser Satz bewiesen.

Vergegenwärtigen wir uns nun noch die Zahlen $A_n(t)$ $(t=0,\ldots,n)$ für $n=2, 3, 4, 5$:

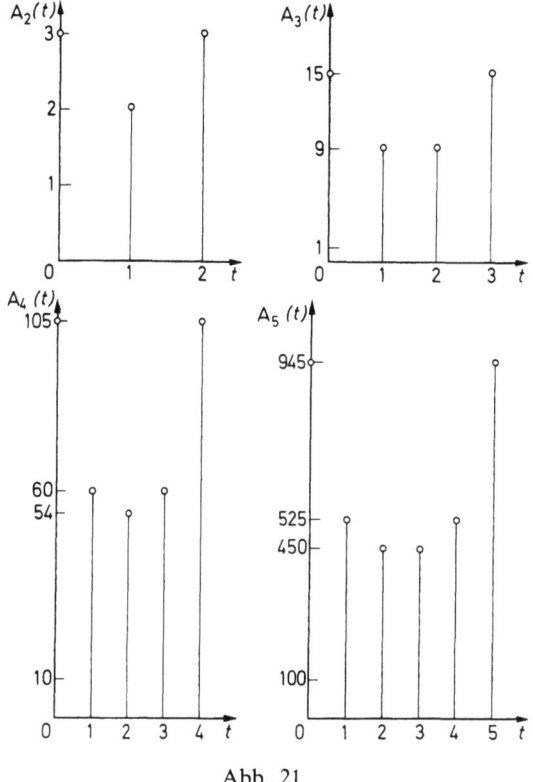

Abb. 21

Merkwürdig ist die Einsenkung des Verlaufs in der Mitte. Im nächsten Paragraphen wollen wir dieses Phänomen für große n genauer verfolgen.

§ 4. Das asymptotische arcsin-Gesetz

Bisher war „arcsin-Gesetz" für uns ein bloßer Name, die arcsin-Funktion kam nicht vor. Wir wollen jetzt unseren Sprachgebrauch rechtfertigen, indem wir mit den $A_n(t) = \binom{2t}{t}\binom{2(n-t)}{n-t}\dfrac{n!}{2^n}$ einen Grenzübergang für $n \to \infty$ ausführen, bei dem wir dann tatsächlich bei einer arcsin-Funktion landen. Dazu müssen wir uns diese Größen zunächst etwas präparieren. Zunächst sind sie ganze Zahlen mit der Summe $2^n n!$ (Lemma 3.3). Ihre Größenverhältnisse

75

geben an, wie $2^n n!$ in die Zahlen $|\{M=0\}|, |\{M=1\}|,\ldots,|\{M=n\}|$ aufgeteilt wird. Für unsere geplante asymptotische Betrachtung sind die auf Summe 1 normierten Größen $a_n(t) = \dfrac{A_n(t)}{2^n n!}$ bequemer. Sie bilden eine Aufteilung der 1 in $n+1$ Portionen. Wir wollen jetzt die Portion $a_n(t)$ auf die Stelle $\dfrac{t}{n}$ im Einheitsintervall $\langle 0,1 \rangle$ legen und sehen, wie sich diese diskrete Verteilung der Masse 1 (man spricht auch von einer diskreten *Wahrscheinlichkeitsverteilung*) für $n \to \infty$ verhält. Wären die Portionen alle gleich also $= \dfrac{1}{n+1}$, so würde man anschaulich sagen: Die Verteilung nähert sich immer mehr der (kontinuierlichen) Gleichverteilung in $\langle 0,1 \rangle$. In unserem Fall sind die $a_n(t)$ keineswegs gleichgroß, und wir werden eine Annäherung an eine andere kontinuierliche Massenverteilung erhalten. Die Vorstellung einer kontinuierlichen Verteilung in $\langle 0,1 \rangle$ wollen wir mittels einer *Dichtefunktion* $\rho(x)$ ($0 \le x \le 1$) folgendermaßen präzisieren: Ist $0 \le a \le b \le 1$, so liegt im Intervall $\langle a,b \rangle \subseteq \langle 0,1 \rangle$ die Masse

$$\int_a^b \rho(x)dx.$$

Zur Gleichverteilung würde die Dichtefunktion $\rho(x) \equiv 1$ gehören. Die uns hier interessierende Dichtefunktion stellen wir im folgenden Lemma vor:

Lemma 4.1: *Die durch*

(1) $$\rho(x) = \begin{cases} \dfrac{1}{\pi} \dfrac{1}{\sqrt{x(1-x)}} & (0 < x < 1), \\ 0 & (x=0, x=1) \end{cases}$$

gegebene Funktion ist über das Einheitsintervall $\langle 0,1 \rangle$ uneigentlich Riemann-integrierbar mit

(2) $$\int_0^1 \rho(x)dx = 1.$$

Es gilt

$$\int_0^x \rho(y)dy = \frac{2}{\pi} \arcsin \sqrt{x}.$$

ρ wird daher als die *arcsin-Dichte* in $\langle 0,1 \rangle$ bezeichnet, und die durch sie beschriebene Verteilung der Masse 1 in $\langle 0,1 \rangle$ als die *arcsin-Verteilung*.

Beweis: Bekanntlich gilt
$$\frac{d}{dx} \arcsin x = \frac{1}{\sqrt{1-x^2}}$$
und folglich
$$\frac{d}{dx}\left(\frac{2}{\pi} \arcsin \sqrt{x}\right) = \frac{2}{\pi} \frac{1}{\sqrt{1-x}} \cdot \frac{1}{2\sqrt{x}} = \rho(x)$$
für $0 < x < 1$, woraus man sofort für $0 < a < b < 1$
$$\int_a^b \rho(x)dx = \frac{2}{\pi}(\arcsin \sqrt{b} - \arcsin \sqrt{a})$$
entnimmt. Für $a \to 0$ und $b \to 1$ folgt (2).

Jetzt müssen wir präzise sagen, in welchem Sinne unsere diskreten Verteilungen gegen die kontinuierliche arcsin-Verteilung streben. Dies geschieht im folgenden

Satz 4.2 (Asymptotisches arcsin-Gesetz): *Mit der durch* (2) *gegebenen arcsin-Dichtefunktion ρ gilt*

(3) $$\lim_{n \to \infty} \sum_{a \leq \frac{t}{n} \leq b} a_n(t) = \int_a^b \rho(x)dx$$

gleichmäßig für $0 \leq a \leq b \leq 1$.

Beweis: Wir beweisen zunächst, daß für jedes δ mit $0 < \delta < \frac{1}{2}$ gleichmäßig für $\delta \leq a < b \leq 1 - \delta$ die Beziehung (3) gilt. Hierzu benützen wir die Stirlingsche Formel
$$r! = \sqrt{2\pi}\, r^{r+\frac{1}{2}} e^{-r} F(r) \quad (r = 0, 1, \ldots),$$
$$\lim_{r \to \infty} F(r) = 1$$
u.z. für $r = t, 2t, n-t$ und $2(n-t)$. Wir erhalten
$$a_n(t) = \binom{2t}{t}\binom{2(n-t)}{n-t}\frac{1}{2^{2n}}$$
$$= \frac{(2t)!}{t!\,t!} \frac{(2(n-t))!}{(n-t)!(n-t)!} \frac{1}{2^{2n}}$$
$$= \frac{\sqrt{2\pi}}{\sqrt{2\pi}\sqrt{2\pi}} \frac{\sqrt{2\pi}}{\sqrt{2\pi}} \cdot \frac{(2t)^{2t+\frac{1}{2}}}{t^{t+\frac{1}{2}} t^{t+\frac{1}{2}}} \cdot \frac{(2(n-t))^{2(n-t)+\frac{1}{2}}}{(n-t)^{n-t+\frac{1}{2}}(n-t)^{n-t+\frac{1}{2}}}$$

$$\cdot \frac{e^{-2t}}{e^{-t}e^{-t}} \cdot \frac{e^{-2(n-t)}}{e^{-(n-t)}e^{-(n-t)}} \cdot \frac{F(2t)}{F(t)F(t)} \cdot \frac{F(2(n-t))}{F(n-t)F(n-t)} \cdot \frac{1}{2^{2n}}$$

$$= \frac{1}{\pi} \frac{1}{\sqrt{\frac{t}{n}\left(1-\frac{t}{n}\right)}} \cdot \frac{1}{n} \cdot \frac{F(2t)}{F(t)F(t)} \cdot \frac{F(2(n-t))}{F(n-t)F(n-t)}.$$

Aus $0 < \delta \leq \frac{t}{n} \leq 1 - \delta < 1$ folgt

$$n\delta \leq t,$$
$$n\delta \leq n-t,$$

so daß für $n \to \infty$ alle Ausdrücke $F(2t)$, $F(t)$, $F(2(n-t))$, $F(n-t)$ gleichmäßig gegen 1 gehen. Hieraus entnimmt man die Existenz einer Folge $G_{ab}(n)$, die bei festem $\delta > 0$ gleichmäßig für $\delta \leq a \leq b \leq 1 - \delta$ gegen 1 geht und

$$\sum_{a \leq \frac{t}{n} \leq b} a_n(t) = \left[\frac{1}{n} \sum_{a \leq \frac{t}{n} \leq b} \frac{1}{\pi} \frac{1}{\sqrt{\frac{t}{n}\left(1-\frac{t}{n}\right)}}\right] G_{ab}(n)$$

garantiert. Der Ausdruck in der eckigen Klammer rechts hat aber offensichtlich den Limes $\int_a^b \rho(x)dx$: Man berechne dies Integral mittels Riemann'scher Näherungssummen bei Teilpunkten der Form $\frac{t}{n}$ und beachte, daß a, b zwar nicht zu diesen Teilpunkten gehören müssen, die dadurch entstehenden Abweichungen aber gegen 0 gehen, sie lassen sich durch $\frac{2}{n} \max_{\delta \leq x \leq 1-\delta} \rho(x)$ abschätzen.

So erhalten wir

$$\lim_n \sum_{a \leq \frac{t}{n} \leq b} a_n(t) = \int_a^b \rho(x)dx$$

gleichmäßig für $\delta \leq a \leq b \leq 1 - \delta$ bei gegebenem $\delta > 0$.

Nun müssen wir uns von der durch $\delta > 0$ gegebenen Einschränkung befreien.

Sei $\varepsilon > 0$ beliebig gegeben und $\delta > 0$ mit $\delta < \frac{1}{2}$ so bestimmt, daß

$$\int_\delta^{1-\delta} \rho(x)dx > 1 - \frac{\varepsilon}{5}$$

gilt. Sodann bestimmen wir $n_0 > 0$ derart, daß für $n \geq n_0$ gleichmäßig für $\delta \leq a' \leq b' \leq 1 - \delta$

$$\left| \sum_{a' \leq \frac{t}{n} \leq b'} a_n(t) - \int_{a'}^{b'} \rho(x) dx \right| < \frac{\varepsilon}{5}$$

gilt. Nun seien a, b mit $0 \leq a \leq b \leq 1$ beliebig gewählt.
Wir setzen $a' = \max[a, \delta]$, $b' = \min[b, 1 - \delta]$ und erhalten

$$\left| \sum_{a \leq t \leq b} a_n(t) - \int_a^b \rho(x) dx \right|$$

$$\leq \left| \sum_{a' \leq t \leq b'} a_n(t) - \int_{a'}^{b'} \rho(x) dx \right|$$

$$+ \left| \sum_{a \leq t \leq a'} a_n(t) \right| + \left| \sum_{b' < t \leq b} a_n(t) \right|$$

$$+ \left| \int_a^{a'} \rho(x) dx \right| + \left| \int_{b'}^b \rho(x) dx \right|$$

$$< \frac{\varepsilon}{5} + \left| \sum_{0 \leq \frac{t}{n} < \delta} a_n(t) \right| + \left| \sum_{1-\delta < \frac{t}{n} \leq 1} a_n(t) \right|$$

$$+ \left| \int_0^\delta \rho(x) dx \right| + \left| \int_{1-\delta}^1 \rho(x) dx \right|$$

$$< \frac{\varepsilon}{5} + 2\frac{\varepsilon}{5} + \left(1 - \sum_{\delta \leq \frac{t}{n} \leq 1-\delta} a_n(t) \right)$$

$$\leq \frac{3}{5}\varepsilon + \left| 1 - \int_\delta^{1-\delta} \rho(x) dx \right| + \left| \int_\delta^{1-\delta} \rho(x) dx - \sum_{\delta \leq \frac{t}{n} \leq 1-\delta} a_n(t) \right|$$

$$< \frac{3}{5}\varepsilon + \frac{\varepsilon}{5} + \frac{\varepsilon}{5} = \varepsilon.$$

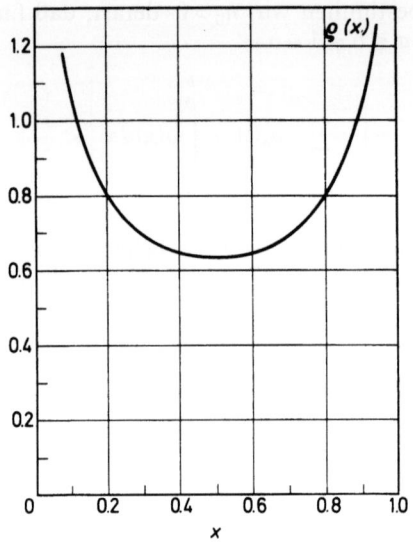

Abb. 22

Um uns die Bedeutung dieses Resultats zu vergegenwärtigen, betrachten wir zunächst (Abb. 22) den Verlauf von

$$\rho(x) = \frac{1}{\pi\sqrt{x(1-x)}}.$$

Wieder beobachten wir eine Einsenkung in der Mitte. Um eine Aussage über die $a_n(t)$ zu erhalten, untersuchen wir für ein festes kleines $\delta > 0$ die in den Intervallen der Form $\langle a, a+\delta\rangle \subseteq \langle 0,1\rangle$ erhaltene Masse $\sum_{a \leq \frac{t}{n} \leq a+\delta} a_n(t)$. Für große n ist sie gleichmäßig, in a ungefähr gleich

(4) $$\frac{1}{\pi} \int_{a}^{a+\delta} \frac{dx}{\sqrt{x(1-x)}}.$$

Der Integrand ist am kleinsten bei $x = \frac{1}{2}$ und steigt für $x \to 0$ und $x \to 1$ gegen ∞. Also wird das Integral (4) für $a = \frac{1}{2} - \frac{\delta}{2}$ seinen kleinsten Wert haben, und für $a \to 0$ bzw. $a \to 1-\delta$ erheblich größere Werte annehmen. Dies bedeutet: Relativ wenige unter unseren $2^n n!$ Pfaden haben ungefähr gleichviele positive wie negative Scheitel, weitaus mehr zeigen ein starkes Überwiegen der positiven oder ein starkes Überwiegen der negativen Scheitel. Interpretiert man relative Häufigkeiten als Wahrscheinlichkeiten – dies läßt sich exakt rechtfertigen, wir wollen es hier einmal nur in intuitiver Weise tun – und erinnert man sich an unsere anfängliche Interpretation der Pfade als Schicksale eines Bankkontos, so kann man sagen: Nehmen wir an, daß Einzahlungen und Abbuchungen sich etwa die Waage halten; dann ist es viel wahrscheinlicher, daß die Leute entweder *meist Schulden* oder *meist Geld auf der Bank* haben, als daß sich die Zeiträume für beides etwa die Waage halten; der moralisch farblose Kunde ist selten.

Literatur

Die Literatur zum Äquivalenzprinzip und zum arcsin-Gesetz ist fast ausschließlich in der Sprache der Wahrscheinlichkeitstheorie geschrieben und somit nur entsprechend vorgebildeten Lesern zugänglich. Wir führen trotzdem eine kleine Auswahl an:

1. Zum Äquivalenzprinzip und zum finiten arcsin-Gesetz.

[1] SPARRE ANDERSEN, E.: On the number of positive sums of random variables, Skand. Aktuarietidsskrift **32,** 27–36 (1949).

[2] — On the frequency of positive partial sums of a series of random variables, Mat. Tidsskrift B, 33–35 (1950).

[3] — On sums of symmetrically dependent random variables, Skand. Aktuarietidsskrift **36,** 123–138 (1953).

[4] — On the fluctuations of sums of random variables I, Mat. Scand. **1,** 263–283 (1953).

[5] — On the fluctuations of sums of random variables II, Math. Scand. **2,** 195–223 (1954).

[6] — The equivalence principle in the theory of fluctuations of sums of random variables, Colloq. Comb. Meth. in Prob. Th., 12–16, Aarhus 1962.

[7] DINGES, H.: Zufällige Pfade mit vertauschbaren Schritten, Zeitschrift f. Wahrscheinlichkeitstheorie **3,** 328–374 (1965).

[8] FELLER, W.: On combinatorial methods in fluctuation theory, Harald Cramér Volume (ed. U. Grenander), 75–91, New York 1959.

[9] — An introduction to probability theory and its applications, vol. I, ch. III, 2nd edition New York 1957, vol. II, ch. XII, New York 1966.

2. Bücher über Kombinatorik

[10] HALL, M.: Combinatorial Theory, Waltham–Toronto–London 1967.
[11] NETTO, E.: Lehrbuch der Combinatorik, Leipzig 1927 (Neudruck bei Chelsea, New York).
[12] RIORDAN, J.: An introduction to combinatorial analysis, New York 1958.
[13] RYSER, H. J.: Combinatorial Mathematics, New York 1963.

Die kombinatorischen arcsin-Gesetze
von G. Baxter und J. P. Imhof

Im vorangehenden Aufsatz hatten wir eine endliche Serie $c_1,\ldots,c_n$ von reellen Zahlen betrachtet und aus ihr alle möglichen „Pfade" der Länge n gebildet. Dazu wurden die $c_1,\ldots,c_n$ mit allen möglichen Vorzeichen $s_1,\ldots,s_n = \pm 1$ versehen und auf alle möglichen Arten angeordnet; jede Vorzeichenverteilung $s=(s_1,\ldots,s_n)$ führte zusammen mit einer Permutation $\pi: k \to k\pi$ der Zahlen $k=1,\ldots,n$ zu einer Zahlenfolge

$$x_1(s,\pi) = s_{1\pi} c_{1\pi}$$
$$\cdots\cdots\cdots\cdots\cdots\cdots$$
$$x_n(s,\pi) = s_{n\pi} c_{n\pi}$$

deren Partialsummen

$$S_0 = S_0(s,\pi) \equiv 0,$$
$$S_k = S_k(s,\pi) = x_1(s,\pi) + \cdots + x_k(s,\pi)$$
$$= s_{1\pi} c_{1\pi} + \cdots + s_{k\pi} c_{k\pi}$$

die Daten für das Zeichnen eines Pfades liefern, der die Punkte

(1) $\qquad (0,S_0), (1,S_1), \ldots, (n,S_n)$

linear miteinander verbindet.

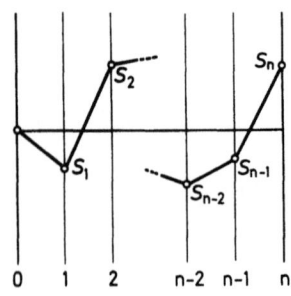

Abb. 23

Wir wollen die Punkte (1) auch die *Scheitel* Nr. $0, 1, \ldots, n$ des betr. Pfades nennen; ist $S_k(s, \pi) > 0$, so sagen wir, der k-te Scheitel sei *positiv*; ist $S_j(s, \pi) < S_k(s, \pi)$, so sagen wir, der k-te Scheitel *majorisiere* den j-ten Scheitel; den n-ten Scheitel nennen wir auch *Endscheitel*, den Scheitel Nr. 0 auch *Anfangsscheitel*. Um vom Scheitel Nr. $k-1$ zum Scheitel Nr. k zu gelangen, muß man nach rechts um den k-ten *Zuwachs* $s_{k\pi} c_{k\pi}$ hinauf oder hinunter gehen. Wir haben ferner vorausgesetzt, daß die $c_1, \ldots, c_n$ S-unabhängig seien, d. h., daß man für beliebiges s und beliebiges nichtleeres $I \subseteq \{1, \ldots, n\}$ stets

$$\sum_{j \in I} s_j c_j \neq 0$$

hat. Dies ist mit

$$S_k(s, \pi) \neq 0 \qquad (k = 1, \ldots, n)$$

für jedes s, π gleichbedeutend und impliziert auch

$$S_i(s, \pi) \neq S_k(s, \pi) \qquad (0 \leq i < k \leq n)$$

für jedes s, π: *Die Scheitel jedes Pfades liegen alle auf verschiedener Höhe.* Insbesondere sind die $c_1, \ldots, c_n$ untereinander und von 0 verschieden.

Da die $c_1, \ldots, c_n$ ohnehin mit allen möglichen Vorzeichen versehen und in jede erdenkliche Reihenfolge gebracht werden, ist es keine Einschränkung der Allgemeinheit, wenn wir über das n-tupel

$$c = (c_1, \ldots, c_n)$$

die Annahme

$$0 < c_1 < c_2 < \cdots < c_n$$

machen.

In [5] hatten wir uns u. a. mit der *Anzahl*

$$P(s, \pi) = |\{k | 0 < k \leq n, S_k(s, \pi) > 0\}|$$

der *positiven Scheitel* beschäftigt und *das kombinatorische arcsin-Gesetz von E. S. Andersen*:

$$|\{(s, \pi) | P(s, \pi) = j\}| = \binom{2j}{j} \binom{2(n-j)}{n-j} \frac{n!}{2^n} \qquad (j = 0, \ldots, n)$$

bewiesen.

In diesem Aufsatz wollen wir nun Anzahlaussagen betrachten, die sich nicht nur auf eine, sondern *gleichzeitig auf zwei* mit einem Pfad verbundene Größen beziehen. Die sich ergebenden Formeln sind ähnlich gebaut wie die von E. SPARRE ANDERSEN (insbesondere werden wieder zwei Binominalkoeffizienten auftreten) und enthalten sie als Spezialfall. Sie werden auch wieder mit rein kombinatorischen Mitteln formuliert und bewiesen und werden deshalb wiederum *kombinatorische arcsin-Gesetze* genannt. Wie beim Andersenschen Gesetz stammen die Fragestellungen eigentlich aus der Wahrscheinlichkeitstheorie und zeigen erst bei wahrscheinlichkeitstheoretischer Anwendung ihre ganze Tragweite. Wegen ihres eigenständigen Reizes sollen sie jedoch hier selbständig dargestellt und bewiesen werden, so daß für das folgende wiederum keine Kenntnisse aus der Wahrscheinlichkeitstheorie nötig sind.

§ 1. Das Kombinatorische arcsin-Gesetz von G. Baxter

Neben der schon untersuchten *Anzahl*

$$P(s,\pi) = |\{i | 0 < i \le n, S_i(s,\pi) > 0\}|$$

der positiven Scheitel wollen wir jetzt auch die *Anzahl*

$$\bar{P}(s,\pi) = |\{i | 0 \le i < n, S_i(s,\pi) < S_n(s,\pi)\}|$$

der vom Endscheitel majorisierten Scheitel betrachten. Sie gibt zugleich an, an welcher Stelle $S_n(s,\pi)$ zu stehen kommt, wenn man die Zahlen $S_0(s,\pi), S_1(s,\pi), \ldots, S_n(s,\pi)$ der Größe nach ordnet, und wird daher auch als *Ranggröße* bezeichnet.

Unser Ziel in den nächsten Paragraphen ist der Beweis von

Satz 1.1 (Kombinatorisches arcsin-Gesetz von G. Baxter [2]: *Unabhängig von der Wahl des S-unabhängigen n-tupels $c = (c_1, \ldots, c_n)$ von reellen Zahlen gilt*

$$|\{(s,\pi) | P(s,\pi) = j, \bar{P}(s,\pi) = k\}|$$
$$= |\{(s,\pi) | P(s,\pi) = n-j, \bar{P}(s,\pi) = n-k\}|$$
$$= \binom{2j}{j}\binom{2k}{k} 2^{n-1-2(j+k)}(-1)!$$
$$(n=0,1,\ldots; \quad 0 \le j,k; \quad j+k<n).$$

Wir wollen diesen Satz sogleich etwas diskutieren, um insbesondere die Beschränkung auf den Fall $j+k<n$ zu verstehen.

Die Gleichung

$$|\{(s,\pi) | P(s,\pi) = j, \bar{P}(s,\pi) = k\}| = |\{(s,\pi) | P(s,\pi) = n-j, \bar{P}(s,\pi) = n-k\}|$$

liegt auf der Hand: Ersetzt man $s = (s_1, \ldots, s_n)$ durch $-s = (-s_1, \ldots, -s_n)$, so wird der mit s und π gebildete Pfad einfach um die Horizontale geklappt. Der neue Pfad hat j negative Scheitel und k Scheitel, die den Endscheitel majorisieren, also $n-j$ positive und $n-k$ vom Endscheitel majorisierte Scheitel. (Man beachte: Ein positiver oder negativer Scheitel hat stets eine der n Nummern $1,\ldots,n$; ein vom Endscheitel majorisierter oder ihn majorisierender Scheitel hat stets eine der n Nummern $0,\ldots,n-1$.) Der Übergang $s \to -s$ bewirkt also eine eineindeutige Beziehung zwischen den beiden in Rede stehenden Mengen, womit ihre Gleichmächtigkeit bewiesen ist.

Da $j+k<n$ mit $(n-j)+(n-k)>n$ gleichbedeutend ist, müssen wir uns nur überlegen, daß $j+k=n$ nicht vorkommen kann, um einzusehen, daß unser Satz in Wahrheit alle vorkommenden Fälle erfaßt und die Beschränkung auf $j+k<n$ rein technischen Charakter hat. Diese Überlegung führen wir jetzt durch; sie wird uns gleichzeitig die technische Bedeutung der Forderung $j+k<n$ zeigen.

Haben wir einen Pfad der Länge n mit *negativem Endscheitel* und j positiven Scheiteln, so kann der Endscheitel höchstens einige der $n-j$ negativen Scheitel majorisieren, sich also selbst jedoch ausgenommen: Die Anzahl $k=\bar{P}(s,\pi)$ erfüllt also $k\leq n-j-1$, d.h. man hat $j+k<n$.

Haben wir dagegen einen Pfad der Länge n mit *positivem Endscheitel*, so majorisiert der Endscheitel außer den $n-j$ negativen Scheiteln auch den Anfangsscheitel, und man erhält

$$k\geq n-j+1, \quad \text{d.h.} \quad j+k>n.$$

Insbesondere kann der Fall $j+k=n$ nicht eintreten. Anders ausgedrückt:
Stets ist $\qquad P(s,\pi)+\bar{P}(s,\pi)\neq n \quad$ und

$$P(s,\pi)+\bar{P}(s,\pi)<n$$

ist mit

$$S_n(s,\pi)<0$$

gleichbedeutend. Die Beschränkung auf $j+k<n$ besagt, daß wir uns nur mit den Pfaden, die im Negativen enden, befassen.

Würde man einen Pfad mit

$$S_n(s,\pi)>0,$$

d.h. den Fall $j+k>n$ betrachten, so könnte ein und derselbe Scheitel sowohl positiv als auch vom Endscheitel majorisiert sein. Dies Durcheinander wird durch Beschränkung auf $j+k<n$ vermieden: In diesem Fall liegen die vom Endscheitel majorisierten Scheitel sauber getrennt von den positiven. Dies ist die technische Bedeutung dieser Beschränkung. Für $j+k>n$ ist außerdem der im Gesetz auftretende Ausdruck

$$\binom{2j}{j}\binom{2k}{k} 2^{n-1-2(j+k)} \quad (n-1)!$$

nicht einmal immer ganzzahlig. Beispielsweise erhält man für $n=2$, $j=1, k=2$

$$\binom{2}{1}\binom{4}{2} 2^{2-1-2(1+2)} (2-1)! = 2 \cdot 6 \cdot 2^{-5} \cdot 1! = \tfrac{3}{8}$$

Um mit der Sache etwas vertraut zu werden, wollen wir die im Gesetz stehende Formel für $n=0,1,2$ direkt bestätigen. Für $n=0$ ist die Aussage des Gesetzes leer, da der Fall $j+k<0$ nicht vorkommen kann.

Für $n=1$ hat man den Fall $j=k=0$ zu betrachten; er tritt für genau einen der beiden Pfade

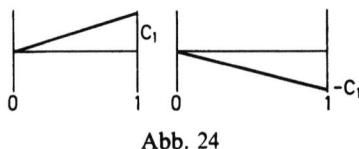

Abb. 24

ein, nämlich für den rechten. Da auch

$$\binom{0}{0}\binom{0}{0} 2^{1-1-2(0+0)}(1-1)! = 1$$

ist, finden wir das Gesetz wieder bestätigt.

Für $n=2$ nehmen wir etwa die S-unabhängigen Werte $c_1=1$, $c_2=2$, und zeichnen die 8 möglichen Pfade (siehe Seite 87).

Die Fälle $j=0, k=1$ und $j=1, k=0$ kommen je einmal vor, was mit

$$\binom{0}{0}\binom{2}{1} 2^{2-1-2(0+1)}(2-1)! = 1$$

übereinstimmt.

Der Fall $j=0, k=0$ tritt zweimal auf. Dazu paßt

$$\binom{0}{0}\binom{0}{0} 2^{2-1-2(0+0)}(2-1)! = 2.$$

Offenbar kam es nicht auf die spezielle Wahl von c_1, c_2 an:

S-Unabhängigkeit bedeutet einfach $0<c_1<c_2$, und da entsteht immer das gleiche Bild.

Wir bemerken noch, daß man aus BAXTERs Gesetz durch Summation über j das arcsin-Gesetz von E. S. ANDERSEN zurückerhält.

Anordnung und Vorzeichen der Zuwächse	Pfad	$P(s,\pi)$	$\bar{P}(s,\pi)$
1, 2		2	2
−1, 2		1	2
1, −2		1	0
−1, −2		0	0
2, 1		2	2
−2, 1		0	1
2, −1		2	1
−2, −1		0	0

Ähnlich wie E. S. ANDERSENS arcsin-Gesetz werden wir auch das arcsin-Gesetz von G. BAXTER durch vollständige Induktion nach n beweisen. Der Induktionsschritt wird – anschaulich gesprochen – auf das Einsetzen eines $(n+1)$-ten Zuwachses von verschiedenen Stellen eines Pfades der Länge n hinauslaufen, was dann eine Rekursionsformel für die in Rede stehenden Anzahlen

$$v_n(j,k) = |\{(s,\pi)|P(s,\pi)=j, \bar{P}(s,\pi)=k\}|$$
$$= |\{(s,\pi)|P(s,\pi)=n-j, \bar{P}(s,\pi)=n-k\}|$$

liefert. Diese Rekursion wird jedoch nur funktionieren, wenn das eingesetzte Stück *praktisch horizontal* ist und daher die schon vorhandenen positiven bzw. (vom Endscheitel) majorisierten Scheitel positiv bzw. majorisiert läßt. Man muß also den allgemeinen Fall erst auf den Fall, wo jeder Pfad ein praktisch horizontales Stück enthält, zurückführen. Man muß, mit anderen Worten, dafür sorgen, daß c_1 sehr klein gegen $c_2, \ldots, c_n$ wird.

Dies geschieht durch ein von E. S. ANDERSEN [1] (vgl. auch HOBBY-PYKE [3]) ersonnenes *Schrumpfverfahren*. Wir stellen dies Verfahren in § 2 anschaulich dar, führen in § 3 die Rekursion und damit den Beweis des kombinatorischen arcsin-Gesetzes von G. BAXTER durch.

§ 2. Das Schrumpf-Verfahren von E. Sparre Andersen

1. Problemstellung

Wir betrachten S-unabhängige n-tupel

$$c = (c_1, \ldots, c_n)$$

von reellen Zahlen, die

(1) $$0 < c_1 < \cdots < c_n$$

erfüllen. Wir wollen zwei solche n-tupel

$$c = (c_1, \ldots, c_n),$$
$$c' = (c'_1, \ldots, c'_n)$$

äquivalent nennen, wenn sie sich nur in der ersten Komponente unterscheiden, d.h. wenn

$$c_2 = c'_2, \ldots, c_n = c'_n$$

gilt. Zu einem S-unabhängigen $(n-1)$-tupel $(c_2, \ldots, c_n)$ wollen wir das Minimum

$$m(c_2, \ldots, c_n) = \min\left\{\left|\sum_{i \in I} s_i c_i\right| \,\Big|\, 0 \neq I \subseteq \{2, \ldots, n\}, s_i = \pm 1\right\}$$

der Beträge aller mit irgendwelchen Vorzeichen gebildeten Summen einiger $c_i (i \geq 2)$ betrachten. Wegen der S-Unabhängigkeit ist stets $m(c_2, \ldots, c_n) > 0$.

Das (1)-erfüllende n-tupel $c = (c_1, \ldots, c_n)$ soll *scharf* heißen, wenn

$$c_1 < m(c_2, \ldots, c_n)$$

gilt. Anschaulich bedeutet dies: In jedem mit $c_1, \ldots, c_n$ gebildeten Pfad entspricht dem kleinsten vorkommenden Zuwachs $\pm c_1$ eine *praktisch horizontale* Strecke; längs dieser Strecke findet ein Auf- oder Abstieg statt, der kleiner ist als der Höhenunterschied irgendwelcher anderer Scheitel. Nimmt man diese Strecke aus dem Pfad heraus und fügt die beiden Reststücke zusammen, so haben sich die Höhen der verbleibenden Scheitel kaum geändert, positive Scheitel sind positiv, negative negativ, vom Endscheitel majorisierte Scheitel majorisiert, und nichtmajorisierte nichtmajorisiert geblieben:

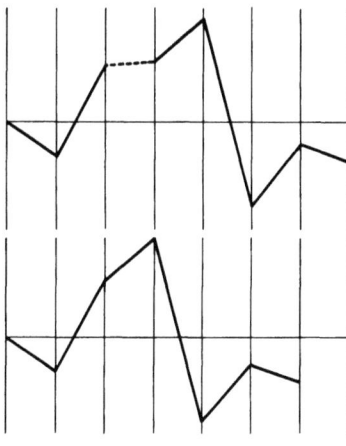

Abb. 25

Zu jedem (1) erfüllenden S-unabhängigen n-tupel $c = (c_1, c_2, \ldots, c_n)$ gibt es ein äquivalentes scharfes S-unabhängiges n-tupel $c' = (c_1', c_2, \ldots, c_n)$; man braucht ja nur c_1 hinreichend zu verkleinern. Insbesondere gibt es zu zwei äquivalenten n-tupeln ein *scharfes*, das zu beiden äquivalent ist.

Wenn wir im folgenden einmal mit c und das andere Mal mit einem anderen c' Pfade bilden, versehen wir die betreffenden Größen mit einem rechten oberen Index c bzw. c'. Wir bekommen es also mit $P^c(s, \pi)$ und $P^{c'}(s, \pi)$ usw. zu tun. Das Schrumpfverfahren von

ANDERSEN [1] (vgl. auch HOBBY-PYKE [3]) dient zum Beweis für den folgenden

Satz 2.1: *Sind c und c' äquivalente* (1) *erfüllende S-unabhängige n-tupel, so gilt für ganzzahlige j, k mit $0 \leq j$, $k \leq n$, $j+k<n$, die Gleichung*

$$|\{(s,\pi)|P^c(s,\pi)=j, \bar{P}^c(s,\pi)=k\}| = |\{(s,\pi)|P^{c'}(s,\pi)=j, \bar{P}^{c'}(s,\pi)=k\}|.$$

d.h.

$$v_n^c(j,k) = v_n^{c'}(j,k).$$

Beweis: Natürlich genügt es, den Fall zu behandeln, wo c' zu c äquivalent und *scharf* sowie $c_1' < c_1$ gilt; man braucht diesen Spezialfall unseres Satzes ja nur zweimal anzuwenden, um den allgemeinen Fall zu erhalten.

Das Schrumpf-Verfahren wird nun, wenn c_1 allmählich auf c_1' zusammenschrumpft, für jedes j, k mit $j+k<n$, die Menge

(2) $$\{(s,\pi)|P^c(s,\pi)=j, \bar{P}^c(s,\pi)=k\}$$

eineindeutig in die Menge

(3) $$\{(s,\pi)|P^{c'}(s,\pi)=j, \bar{P}^{c'}(s,\pi)=k\}$$

überführen und damit den Beweis für die behauptete Gleichmächtigkeit liefern. Da die Paare (s,π) für jedes c umkehrbar eindeutig den Pfaden entsprechen, führen wir das Verfahren als einen kontinuierlichen Prozeß, der die (2) entsprechenden Pfade eineindeutig in die (3) entsprechenden Pfade verwandelt, vor.

Wir nehmen also einen (2) entsprechenden Pfad der Länge n und stellen ihn uns als ein *Gestänge* aus geradlinigen Zuwächsen vor. Irgendwo sitzt die dem kleinsten Zuwachs $\pm c_1$ entsprechende Menge. Während wir uns die übrigen Zuwächse starr mit ihren Nachbarn verbunden denken, wollen wir uns diesen kleinsten Zuwachs an den Scheiteln, die es verbindet, *gelenkig* angeschlossen denken:

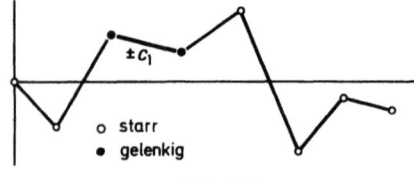

Abb. 26

Im Zuwachs $\pm c_1$ denken wir uns einen kleinen Motor eingebaut, der den Betrag $|c_1|$ langsam aber unaufhaltsam verringert, das $\pm c_1$ entsprechende gerade Stück also allmählich in die Horizontale dreht. Wir überwachen diese Bewegung und greifen, wenn nötig, mit einer Operation ein, die verhindert, daß sich $P^c(s,\pi)$ und $\bar{P}^c(s,\pi)$ ändern; der Pfad muß sich dabei gewisse Verwandlungen (von s und π) gefallen lassen, bis er schließlich in einen c' entsprechenden Pfad übergegangen ist, der dann dieselben P^c- und $\bar{P}^c$-Werte hat, also (3) entspricht. Man wird jedoch sehen, daß diese Verwandlungen mechanisch rückwärts laufen, wenn man den Motor umgekehrt laufen läßt, so daß sich eine eineindeutige Abbildung von (2) auf (3) ergibt.

Wenn der Motor läuft, bleibt das Pfadstück links vom kleinsten Zuwachs unbewegt, das Pfadstück rechts davon wird langsam parallelverschoben. Ein „kritischer Moment" tritt ein, wenn

1) ein Scheitel das Nullniveau berührt

oder

2) der Endscheitel die Höhe eines festbleibenden Scheitels erreicht.

Wegen der S-Unabhängigkeit kann nicht beides zugleich passieren, und der „kritische Scheitel" ist eindeutig bestimmt. Im Falle 1) droht sich $P^c(s,\pi)$, im Falle 2) $\bar{P}^c(s,\pi)$ zu verändern.

Tritt 1) ein, so greifen wir folgendermaßen ein: Wir lösen im „kritischen Moment" das Pfadstück zwischen dem *Anfangsscheitel* und dem „kritischen Scheitel" Nr. i, der soeben das Nullniveau erreicht hat, heraus, drehen es um eine *vertikale* Achse um $180°$ und setzen es wieder ein. Das bedeutet: Die Zuwächse an den Stellen 1 bis i erhalten die umgekehrte Reihenfolge und *wechseln das Vorzeichen*. Zu ihnen gehört auch der kleinste Zuwachs $\pm c_1$, denn die Berührung des Nullniveaus fand ja rechts von ihm statt. Der Endpunkt des umgedrehten Pfadteiles – jetzt Scheitel Nr. i – strebt also nunmehr, wenn der Motor weiterläuft, in derselben Richtung vom Nullniveau fort, aus der vorher die Annäherung des Scheitels Nr. i erfolgte: Eine Sekunde vor unserem Eingreifen hat der Scheitel Nr. i dasselbe Vorzeichen wie eine Sekunde nachher. Da unser Eingreifen überdies die Höhe keines Scheitels verändert hat, wurden die Größen $P^c, \bar{P}^c$ nicht verändert (Abb. 27).

Tritt 2) ein, so sieht der Eingriff ganz ähnlich aus: Wir lösen im „kritischen Moment" das Pfadstück zwischen dem *Endscheitel* und dem „kritischen Scheitel" Nr. i, der sich mit ihm soeben auf gleicher Höhe befindet, heraus, drehen es um eine *vertikale* Achse um $180°$ und setzen es wieder ein. Dabei wird auch der kleinste Zuwachs $\pm c_1$ umgedreht, denn der Scheitel Nr. i liegt links von ihm. Aus ähnlichen Gründen wie oben haben die Größen $P^c, \bar{P}^c$ kurz nach dem Eingriff dieselben Werte wie kurz vorher.

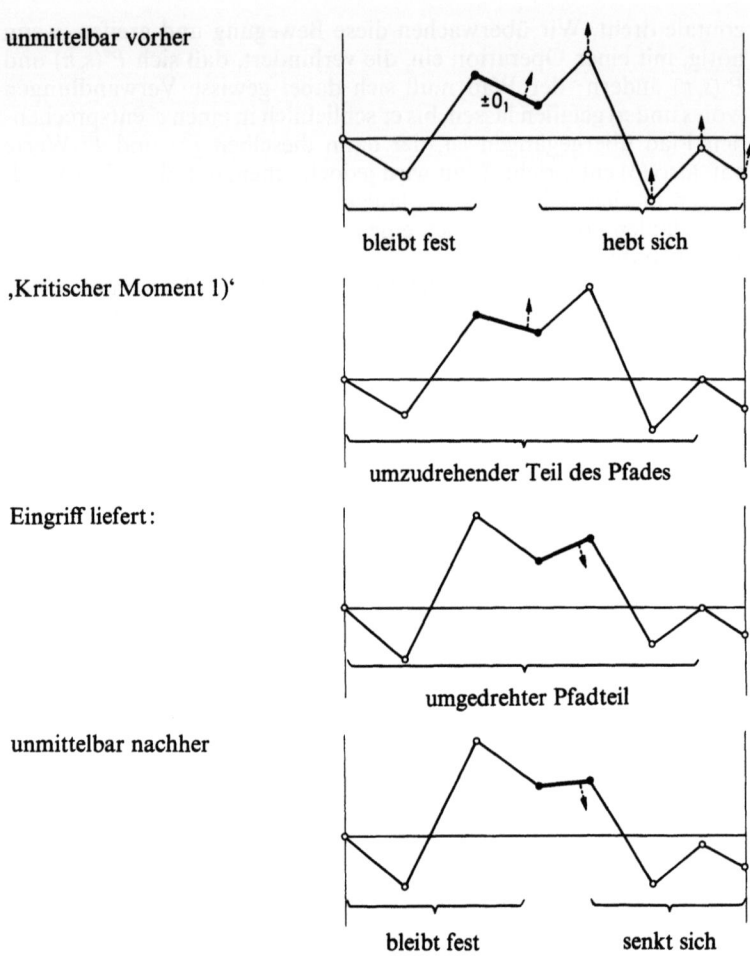

Abb. 27

Man sieht intuitiv, daß dies Verfahren alle Forderungen erfüllt, von denen wir eingangs gesprochen haben. Diese intuitive Einsicht ist viel zu schön, als daß man sie noch in schwerfällige Formeln umsetzen sollte; wir betrachten sie als genügend. – Nach einiger Zeit ist also c in das äquivalente scharfe c' übergegangen. Damit ist unser Satz bewiesen.

§ 3. Die Rekursionsformel und der Beweis des arcsin-Gesetzes von G. Baxter

Wir wenden uns jetzt den Anzahlen

$$v_n(j,k) = |\{(s,\pi)|P(s,\pi)=j, \bar{P}(s,\pi)=k\}|$$

zu. Sie hängen noch von dem n-tupel $c=(c_1,\ldots,c_n)$ ab; wir wollen deshalb auch

$$v_n(j,k) = v_n^c(j,k) = |\{(s,\pi)|P^c(s,\pi)=j, \bar{P}^c(s,\pi)=k\}|$$

schreiben. Um eine Rekursionsformel zu erhalten, wollen wir ein S-unabhängiges $(n+1)$-tupel $\tilde{c}=(c_0,c_1,\ldots,c_n)$ mit $0 < c_0 < c_1 < \cdots < c_n$ betrachten, aus ihm das ebenfalls S-unabhängige n-tupel $c=(c_1,\ldots,c_n)$ bilden und für $j+k < n+1$ versuchen, die Anzahl $v_{n+1}^{\tilde{c}}(j,k)$ durch die Anzahlen $v_n^c(j-1,k)$, $v_n^c(j,k-1)$ und $v_n^c(j,k)$ auszudrücken.

Da $v_{n+1}^{\tilde{c}}(j,k)$ sich nach Satz 1.1 nicht ändert, wenn wir $\tilde{c}$ durch ein äquivalentes $(n+1)$-tupel ersetzen, dürfen wir $\tilde{c}=(c_0,c_1,\ldots,c_n)$ als *scharf* voraussetzen.

Jeder aus $\tilde{c}$ gebildete Pfad der Länge $n+1$ enthält also irgendwo einen praktisch horizontalen Zuwachs $\pm c_0$, entsteht also aus einem zu $c=(c_1,\ldots,c_n)$ gebildeten Pfad der Länge n durch Einsetzen dieses fast horizontalen Stücks an irgendeiner Stelle.

Wie müßte nun der aus c gebildete Pfad aussehen, damit der durch Einsetzen von $\pm c_0$ entstehende verlängerte Pfad gerade j positive und k vom Endpunkt majorisierte Scheitel hat? Wegen $j+k < n+1$ muß der verlängerte Pfad einen negativen Endscheitel haben. Da das Einsetzen eines praktisch horizontalen Stücks aber den Endscheitel kaum hebt oder senkt, müßte also auch der aus c gebildete Pfad einen negativen Endscheitel haben.

Offenbar gibt es nur folgende drei Möglichkeiten:

I. Der aus $c=(c_1,\ldots,c_n)$ gebildete Pfad hatte schon j positive und k vom (negativen) Endscheitel majorisierte (negative) Scheitel, und das Einsetzen des praktisch horizontalen Stücks erfolgte so, daß diese Anzahlen sich nicht ändern, also

nicht durch Einsetzen hinter einem positiven Scheitel, denn dann hätte sich j erhöht;

nicht durch Einsetzen von $+c_0$ am Anfang, denn dann hätte sich j ebenfalls erhöht;

nicht durch Einsetzen hinter einem vom Endscheitel majorisierten Scheitel, denn dann hätte sich k erhöht;

nicht durch Anhängen von $+c_0$ am Schluß, denn dann hätte sich k ebenfalls erhöht, da der alte Endscheitel neu majorisiert worden wäre;

sondern
> durch Einsetzen von $\pm c_0$ hinter einem negativen, nicht vom Endscheitel majorisierten Scheitel

oder
> durch Einsetzen von $-c_0$ am Anfang

oder
> durch Anhängen von $-c_0$ am Schluß.

Die letzten drei Möglichkeiten lassen j und k in der Tat unverändert. Zählt man die Möglichkeiten aus, so kommt man auf

$$2(n-j-k)v_n(j,k)$$

Pfade der Länge $n+1$, die aus $\tilde{c}=(c_0,c_1,\ldots,c_n)$ gebildet sind und j positive und k vom Endscheitel majorisierte Scheitel haben.

II. Der aus $c=(c_1,\ldots,c_i)$ gebildete Pfad hatte nur $j-1$ positive, aber bereits k vom Endscheitel majorisierte Scheitel, und das praktisch horizontale Stück wurde so eingesetzt, daß $j-1$ in j überging und k sich nicht änderte.

Das geht offenbar genau
> durch Einsetzen von $\pm c_0$ hinter einem positiven Scheitel

oder
> durch Einsetzen von $+c_0$ am Anfang.

So erhält man weitere

$$(2(j-1)+1)\, v_n(j-1,k)$$

Pfade der Länge $n+1$, die j positive und k vom Endscheitel majorisierte Scheitel haben.

III. Der aus $c=(c_1,\ldots,c_n)$ gebildete Pfad hatte schon j positive, aber nur $k-1$ vom Endscheitel majorisierte Scheitel. Durch Einsetzen von $\pm c_0$ hinter einem vom Endscheitel majorisierten Scheitel oder durch Anhängen von $+c_0$ am Ende erhält man weitere $(2(k-1)+1)v_n(j,k-1)$ Pfade der Länge $n+1$, die j positive (denn das Einsetzen erfolgte stets unterm Nullniveau) und k vom Endscheitel majorisierte Scheitel haben.

Da man jedem Pfad der Länge $n+1$ genau ansehen kann, auf welche der hier geschilderten Arten er zustandegekommen ist, erhalten wir die Rekursionsformel

(1) $$v_{n+1}(j,k) = (2j-1)\,v_n(j-1,k) + (2k-1)\,v_n(j,k-1)$$
$$+ 2(n-j-k)\,v_n(j,k).$$

Beweis von Satz 1.1: Für $n=0$ sind beide Seiten 0, für $n=1$ und $n=2$ haben wir die Behauptung schon in § 1 bewiesen. Es ist also lediglich noch zu zeigen, daß die rechte Seite der in Satz 1.1 auftretenden Gleichung der Rekursionsformel (1) genügt. In der Tat gilt

$$(2j-1)\binom{2(j-1)}{j-1}\binom{2k}{k}2^{n-1-2(j-1+k)}(n-1)!$$

$$+(2k-1)\binom{2j}{j}\binom{2(k-1)}{k-1}2^{n-1-2(j+k-1)}(n-1)!$$

$$+2(n-j-k)\binom{2j}{j}\binom{2k}{k}2^{n-1-2(j+k)}(n-1)!$$

$$=\left[(2j-1)\frac{(2(j-1))!}{(j-1)!\,(j-1)!}\cdot\frac{(2k)!}{k!\,k!}\cdot 2\right.$$

$$+(2k-1)\frac{(2j)!}{j!\,j!}\cdot\frac{(2(k-1))!}{(k-1)!\,(k-1)!}\cdot 2$$

$$\left.+(n-j-k)\frac{(2j)!}{j!\,j!}\cdot\frac{(2k)!}{k!\,k!}\right]2^{(n+1)-1-2(j+k)}(n-1)!$$

$$=\left[\frac{j\cdot j}{2j}\cdot\frac{(2j)!}{j!\,j!}\cdot\frac{(2k)!}{k!\,k!}\cdot 2\right.$$

$$+\frac{k\cdot k}{2k}\cdot\frac{(2j)!}{j!\,j!}\cdot\frac{(2k)!}{k!\,k!}\cdot 2$$

$$\left.+(n-j-k)\frac{(2j)!}{j!\,j!}\cdot\frac{(2k)!}{k!\,k!}\right]2^{(n+1)-1-2(j+k)}(n-1)!$$

$$=[j+k+(n-j-k)]\binom{2j}{j}\binom{2k}{k}2^{(n+1)-1-2(j+k)}(n-1)!$$

$$=\binom{2j}{j}\binom{2k}{k}2^{(n+1)-1-2(j+k)}((n+1)-1)!,$$

was zu beweisen war.

§ 4. Leiter-Indices und das arcsin-Gesetz von J. P. Imhof

Sei ein Pfad mit den Scheiteln

$$(0,0),(1,S_1),\ldots,(n,S_n)$$

gegeben. Wir bezeichnen k als *Leiter-Index* für diesen Pfad, wenn der

Scheitel Nr. k die vorangehenden Scheitel majorisiert:

$$S_0, \ldots, S_{k-1} < S_k.$$

Der Scheitel Nr. k heißt dann ein *Leiter-Punkt* des Pfades. I. A. wird es mehrere Leiter-Indices geben. Wir wollen sie von links nach rechts durchzählen: $n_0 < n_1 < \cdots$; dabei wollen wir 0 stets als 0-ten („unechten") Leiter-Index rechnen: $n_0 = 0$. Weitere („echte") Leiter-Indices gibt es nur, wenn es positive Scheitel gibt: Der erste positive Scheitel ist der erste Leiter-Punkt und hat den Leiter-Index n_1 als Nummer. Der erste (und bei s-Unabhängigkeit einzige) Scheitel, der alle übrigen majorisiert, ist der letzte Leiter-Punkt, er hat den letzten auftretenden Leiter-Index als Nummer: Der letzte Leiter-Index bezeichnet die Lage des Maximums.

In einem speziellen Fall sieht das z. B. so aus:

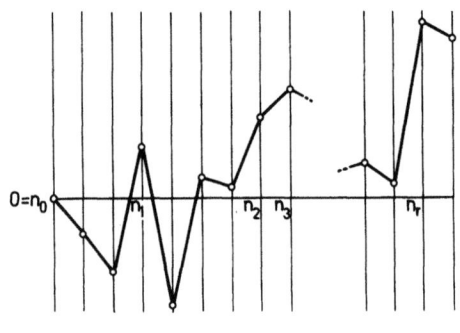

Abb. 28

Von der Vorstellung, daß der Pfad von Leiter-Punkt zu Leiter-Punkt wie auf den Sprossen einer Leiter zu seinem Maximum aufsteigt, ist der Name „Leiter-Punkt" (ladder index) hergeleitet.

Das zwischen zwei benachbarten Leiter-Punkten eingehängte Pfadstück liefert, an den Nullpunkt gehängt, einen Pfad, der bis auf seinen Endscheitel ganz im Negativen verläuft. Am letzten Leiter-Punkt hängt ein ganz negativer Pfad (evtl. von der Länge 0). Hat man einen Leiter-Index n_1, so hängt Vorhandensein und Lage des nächsten Leiterpunktes nur mehr von der Gestalt des Pfades rechts von n_1 ab. Wir bauen den Begriff des Leiter-Index jetzt in unser mittels eines n-tupels $c = (c_1, \ldots, c_n)$ von *S-unabhängigen* reellen Zahlen, aller möglichen Permutationen π der Plätze $1, \ldots, n$ und aller Vorzeichenverteilungen $s = (s_1, \ldots, s_n)$ ($s_k = \pm 1$ ($k = 1, \ldots, n$)) gebildetes allgemeines Modell ein und definieren rekursiv:

$n_0(s,\pi) \equiv 0$

$n_k(s,\pi) = \begin{cases} \infty & \text{falls } k>0 \text{ und } S_j(s,\pi) < S_{n_{k-1}}(s,\pi) \quad (j > n_{k-1}). \\ \min\{j | S_j(s,\pi) > S_{n_{k-1}}(s,\pi)\}, \\ & \text{falls } k>0 \text{ und diese Menge nichtleer ist.} \end{cases}$

(man hätte sich die Fallunterscheidung durch die übliche Vereinbarung, das Minimum über eine leere Menge von natürlichen Zahlen als ∞ zu betrachten, ersparen können.)
Mit

$$r(s,\pi) = \max\{k | n_k(s,\pi) < \infty\}$$

haben wir dann für den s,π entsprechenden Pfad die *Gesamtzahl der auftretenden echten Leiter-Punkte* (den unechten $n_0 = 0$ also nicht mitgerechnet) definiert.
Von J. P. IMHOF [4] stammt der folgende

Satz 4.1 (Kombinatorisches arcsin-Gesetz von J. P. Imhof): *Für die Anzahl*

$w_n(j,k) = |\{(s,\pi) | r(s,\pi) \geq j, S_i(s,\pi) > S_{n_{j(s,\pi)}}(s,\pi)$

für genau k der Zahlen $i = n_{j(s,\pi)} + 1, \ldots, n\}|$

der Pfade, die mindestens j echte Leiter-Punkte haben und deren j-ter Leiter-Punkt von genau k weiteren Scheiteln majorisiert wird, gilt

$$w_n(j,k) = \binom{2k}{k} \binom{2(n-k)-j}{n-k} \frac{2^j}{2^n} n! \quad (j,k \geq 0, \; j+k \leq n).$$

Für $j=0$ erhalten wir das arcsin-Gesetz von E. SPARRE ANDERSEN zurück:

$$w_n(0,k) = \binom{2k}{k} \binom{2(n-k)}{n-k} \frac{1}{2^n} n!$$

ist die Anzahl der Pfade mit genau k positiven Scheiteln. Wir werden, der Arbeit von IMHOF [4] weitgehend parallel, diesen Satz 4.1 ebenso beweisen wie BAXTER's Satz 2.1: Mittels einer Modifikation des Schrumpf-Verfahrens von ANDERSEN, HOBBY-PYKE legalisieren wir eine Methode, die für die $w_n(j,k)$ eine Rekursionsformel liefert, und zeigen dann, daß die rechte Seite der behaupteten Formel diese Rekursionsformel erfüllt.

§ 5. Ein modifiziertes Schrumpf-Verfahren

Wie in § 2 betrachten wir zwei äquivalente S-unabhängige n-tupel $c=(c_1,...,c_n)$ und $c'=(c'_1,...,c'_n)$:

$$c_2 = c'_2,...,c_n = c'_n$$

mit $0<c_1<c_2<\cdots<c_n$, $0<c'_1<c'_2<\cdots<c'_n$ und beweisen, indem wir unsere Größen mit oberen Indices c bzw. c' versehen, den zu Satz 2.1 analogen

Satz 5.1: *Sind* $c=(c_1,...,c_n)$ *und* $c'=(c'_1,...,c'_n)$ *äquivalente n-Tupel, die* $0<c_1<c_2<\cdots<c_n$, $0<c'_1<c'_2<\cdots<c'_n$ *erfüllen, so gilt*

$$w_n^c(j,k) = w_n^{c'}(j,k).$$

Beweis: Natürlich genügt es, den Fall zu behandeln, wo c' zu c äquivalent und *scharf* ist. Ein modifiziertes Schrumpfverfahren wird nun, wenn c_1 allmählich auf c'_1 zusammenschrumpft, die Menge

$\{(s,\pi)|r^{c'}(s,\pi)\geq j,\ S_i^{c'}(s,\pi)>S_{n_j^{c'}(s,\pi)}(s,\pi)$ für

genau k der Zahlen $i=n_j^{c'}(s,\pi)+1,...,n\}$.

der Mächtigkeit $w_n^{c'}(j,k)$ eineindeutig in die Menge

$\{(s,\pi)|r^c(s,\pi)\geq j, S_i^c(s,\pi)>S_{n_j^c(s,\pi)}(s,\pi)$ für

genau k der Zahlen $i=n_j^c(s,\pi)+1,...,n\}$

der Mächtigkeit $w_n^c(j,k)$ überführen und damit die Gleichheit der in Rede stehenden Anzahlen beweisen.

Wie in § 2 stellen wir uns einen mit $c'=(c'_1,c_2,...,c_n)$ gebildeten Pfad mit mindestens j Leiter-Punkten als ein Gestänge vor, in dessen flachstem, $\pm c'_1$ entsprechendem Stück ein Motor eingebaut ist, der dies Stück langsam in die Horizontale dreht. Wir überwachen die Veränderung des Pfades und greifen ein, wenn die Anzahl der Leiter-Punkte unter j zu sinken oder die Anzahl k der den j-ten Leiter-Punkt majorisierenden Scheitel sich zu verändern droht. Wir haben zwei Fälle zu unterscheiden:

Fall I: Das c'_1 entsprechende Pfadstück liegt zwischen zwei Leiter-Punkten Nr. $l-1$ und Nr. l mit $l\leq j$.

Wenn es uns gelingt zu erreichen, daß während der Schrumpfung die Lage n_l des l-ten Leiter-Punktes unverändert bleibt, bleiben auch die übrigen uns interessierenden Eigenschaften des Pfades ständig erhalten: Das rechts von n_l liegende Pfadstück wird nur parallelverschoben, und die Lage der Leiter-Punkte mit Nummern $>l$ sowie der den j-ten Leiter-Punkt majorisierenden Scheitel ändert sich nicht, denn all dies hängt ja nur von der Gestalt des rechts von n_l liegenden Pfadteils ab.

Sei $n_{l-1} = n_{l-1}^c(s,\pi)$ die Lage des $(l-1)$-ten Leiter-Punktes. Vorhandensein oder Lage des l-ten Leiter-Punktes kann sich nur ändern, wenn während der Schrumpfung einer der folgenden Fälle eintritt:
1) Ein zwischen n_{l-1} und n_l liegender Scheitel berührt von unten kommend das Niveau des $(l-1)$-ten Leiter-Punktes und droht damit den Scheitel Nr. n_l aus seiner Stellung als l-ter Leiter-Punkt zu drängen.
2) Der Scheitel Nr. n_l berührt von oben kommend das Niveau des $(l-1)$-ten Leiter-Punktes und droht damit seine Stellung als l-ter Leiter-Punkt zu verlieren.

In beiden Fällen drehen wir im Augenblick der „Berührung" des Niveaus von $S_{n_{l-1}}$ das zwischen n_{l-1} und dem Berührpunkt liegende Pfadstück um 180° um eine vertikale Achse. Dabei bleiben die Höhen der beteiligten Scheitel ungeändert, das $\pm c_1'$ entsprechende Pfadstück ändert dagegen sein Vorzeichen; nach dem Umdrehen entfernt sich der „berührende" Punkt also wieder vom Niveau $S_{n_{l-1}}$, u. z. in der Richtung, aus der er gekommen war, so daß das Unheil abgewendet und die uns interessierenden Verhältnisse beim alten geblieben sind.

Fall II: Das c_1' entsprechende Pfadstück liegt rechts vom j-ten Leiter-Punkt.

Beim Schrumpfen kann sich also höchstens die Anzahl der den j-ten Leiter-Punkt majorisierenden Scheitel ändern, indem ein rechts von $n_j = n_j^c(s,\pi)$ liegender Scheitel von unten oder oben kommend das Niveau $S_n^{c'}$ berührt. Wenn wir im Augenblick der „Berührung" das zwischen n_j und dem Berührpunkt liegende Pfadstück umdrehen, wenden wir wie früher das Unheil ab.

Da man dies Verfahren mechanisch rückwärtslaufen lassen kann, liefert es die gewünschte eineindeutige Beziehung und damit den Beweis des Satzes.

§ 6. Die Rekursionsformel und der Beweis des arcsin-Gesetzes von J. P. Imhof

Um durch Rekursion von w_n auf w_{n+1} zu kommen, wollen wir ein S-unabhängiges $(n+1)$-tupel $\tilde{c} = (c_0, c_1, \ldots, c_n)$ mit $0 < c_0 < c_1 < \cdots < c_n$ betrachten, aus ihm das S-unabhängige n-tupel $c = (c_1, \ldots, c_n)$ bilden und versuchen, die Anzahl $w_{n+1}(j,k) = w_{n+1}^{\tilde{c}}(j,k)$ durch die Anzahlen $w_n(j,k) = w_n^c(j,k)$, $w_n(j-1,k) = w_n^c(j-1,k)$, $w_n(j,k-1) = w_n^c(j,k-1)$ auszudrücken. Nach Satz 5.1 können wir $\tilde{c}$ dabei als *scharf* annehmen.

Jeder aus $\tilde{c}$ gebildete Pfad der Länge $n+1$ enthält also irgendwo einen praktisch horizontalen Zuwachs $\pm c_0$, entsteht also aus einem zu $c=(c_1,...,c_n)$ gebildeten Pfad der Länge n durch Einsetzen dieses fast horizontalen Stücks an irgendeiner Stelle.

Ein zu $\tilde{c}$ gehöriger Pfad mit mindestens j Leiter-Punkten und genau k den j-ten Leiter-Punkt majorisierenden Scheiteln entsteht durch Einsetzen

1) des Zuwachses $+c_0$ gleich hinter einem der Leiter-Punkte Nr. $0,...,j-1$ eines aus $c=(c_1,...,c_n)$ gebildeten Pfades, der mindestens $j-1$ echte Leiter-Punkte und genau k den $(j-1)$-ten Leiter-Punkt majorisierende Scheitel hat; durch dies Einsetzen kommt nämlich ein j-ter echter Leiter-Punkt zustande, der von genau k Scheiteln des neuen Pfades majorisiert wird. So entstehen neue Pfade. $\quad jw_n(j-1,k)$

2) des Zuwachses $+c_0$ gleich hinter dem j-ten echten Leiter-Punkt eines aus $c=(c_1,...,c_n)$ gebildeten Pfades mit mindestens j echten Leiter-Punkten und genau $k-1$ den j-ten echten Leiter-Punkt majorisierenden Scheiteln, oder durch Einsetzen von $\pm c_0$ hinter einem dieser $k-1$ majorisierenden Scheitel. So entstehen neue Pfade. $\quad (2(k-1)+1)w_n(j,k-1)$

3) des Zuwachses $-c_0$ hinter einem der Leiter-Punkte Nr. $0,...,j$ oder von $\pm c_0$ hinter einem der $n-j-k$ „harmlosen" Scheitel eines aus $c=(c_1,...,c_n)$ gebildeten Pfades, der mindestens j echte Leiter-Punkte und genau k den j-ten echten Leiter-Punkt majorisierende Scheitel hat; „harmlos" sind gerade die von diesen $j+k$ Punkten und dem Anfangsscheitel verschiedenen Scheitel. So entstehen $\quad [j+1+2(n-(j+k))]w_n(j,k)$
neue Pfade.

Damit sind offenbar alle Möglichkeiten erschöpft, und wir erhalten die Rekursionsformel

(1) $\quad w_{n+1}(j,k) = jw_n(j-1,k) + (2k-1)w(j,k-1)$
$\qquad + (2(n-k)-j+1)w_n(j,k).$

Nun führen wir den

Beweis von Satz 4.1: Für $n=0$, ist der Satz richtig: Nur $j=k=0$ kommen in Frage; der einzige Pfad hat 0 echte Leiter-Punkte und 0 den unechten Leiter-Punkt majorisierende Scheitel; der Ausdruck

(2) $\quad \binom{2k}{k}\binom{2(n-k)-j}{n-k}\dfrac{2^j}{2^n}n!$

erhält für $n=j=k=0$ den Wert 1.

Für $n=1$ ist der Satz auch richtig: Es gibt 2 verschiedene Pfade; der eine hat 1 echten Leiter-Punkt, der von 0 weiteren Scheiteln majorisiert wird, der andere keinen echten Leiter-Punkt und keinen den unechten Leiter-Punkt majorisierenden Scheitel:

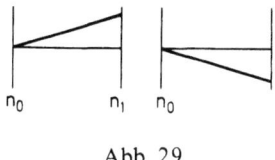

Abb. 29

Somit ist

$w_1(0,0)=1$ (rechtes Bild),

$w_1(0,1)=1$ (linkes Bild),

$w_1(1,0)=1$ (linkes Bild)

damit stimmen, wie man sofort nachrechnet, die entsprechenden Werte von (2) überein.

Angenommen, für n sei Satz 4.1 schon bewiesen. Wir beweisen ihn für $n+1$, indem wir zeigen, daß (2) derselben Rekursionsformel (1) genügt wie die $w_n(j,k)$. Setzt man die entsprechenden Werte von (2) in die rechte Seite von (1) ein, so entsteht:

$$j\binom{2k}{k}\binom{2(n-k)-j+1}{n-k}\frac{2^{j-1}}{2^n}n!$$

$$+(2k-1)\binom{2(k-1)}{k-1}\binom{2(n-k+1)-j}{n-k+1}\frac{2^j}{2^n}n!$$

$$+(2(n-k)-j+1)\binom{2k}{k}\binom{2(n-k)-j}{n-k}\frac{2^j}{2^n}n!$$

$$=\frac{2^j}{2^n}n!\binom{2k}{k}\left[j\cdot\frac{(2(n+1-k)-j-1)!}{(n-k)!\,(n+1-k-j)!}\cdot\frac{1}{2}+(2k-1)\cdot\frac{k\cdot k}{(2k-1)\cdot 2k}\right.$$

$$\left.\cdot\binom{2(n+1-k)-j}{n+1-k}+(2(n+1-k)-j-1)\cdot\frac{(2(n-k)-j)!}{(n-k)!\,(n-k-j)!}\right]$$

$$= \frac{2^j}{2^n} n! \binom{2k}{k} \left[\frac{(2(n+1-k)-j)!}{(n+1-k)!\ (n+1-k-j)!} \cdot \frac{(n+1-k)}{2(n+1-k)-j} \cdot \frac{j}{2} \right.$$

$$+ \frac{k}{2} \binom{2(n+1-k)-j}{n+1-k}$$

$$\left. + \frac{(2(n+1-k)-j)!}{(n+1-k)!\ (n+1-k-j)!} \cdot \frac{(n+1-k)(n+1-k-j)}{(2(n+1-k)-j)} \right]$$

$$= \binom{2k}{k} \binom{2(n+1-k)-j}{n+1-k} \frac{2^j}{2^n} n!$$

$$\cdot \left[\frac{n+1-k}{2(n+1-k)-j} \cdot \left(\frac{j}{2} + n+1-k-j \right) + \frac{k}{2} \right]$$

$$= \binom{2k}{k} \binom{2(n+1-k)-j}{n+1-k} \frac{2^j}{2^n} n! \frac{1}{2}(n+1-k+k)$$

$$= \binom{2k}{k} \binom{2(n+1-k)-j}{n+1-k} \frac{2^j}{2^{n+1}} (n+1)!$$

Damit ist alles bewiesen.

Literatur

[1] ANDERSEN, E. SPARRE: On the number of positive sums of random variables, Skand. Aktuarietidskrift **32**, 27–36 (1949).
[2] BAXTER, G.: On a generalization of the finite arcsine law, Ann. Math. Stat. **33**, 909–915 (1962).
[3] HOBBY, CH., and R. PYKE: Combinatorial results in fluctuation theory, Ann. Math. Stat. **34**, 1233–1242 (1963).
[4] IMHOF, J. P.: On ladder indices and random walk, Zeitschr. f. Wahrscheinlichkeitstheorie u. verw. Geb. **9**, 10–15 (1967).

Der Heiratssatz

Im Jahre 1910 bewies G. A. MILLER [15], gestützt auf Ideen von E. GALOIS, daß die linken und die rechten Nebenklassen einer endlichen Gruppe nach einer beliebigen Untergruppe ein gemeinsames Repräsentantensystem besitzen. 1927 erkannte V. D. WAERDEN [24], daß diesem Ergebnis ein rein kombinatorischer Sachverhalt zugrundeliegt, für den er einen Beweis angab. Ein besonders kurzer und eleganter Beweis wurde gleich darauf von E. SPERNER veröffentlicht. V. D. WAERDEN [24] bemerkte auch, daß sein Ergebnis in einem graphentheoretischen Satz enthalten war, den D. KÖNIG 1916 publiziert hatte [10]. 1935 dehnten Ph. HALL [6] und W. MAAK [12] das Ergebnis von V. D. WAERDEN zu dem Satz aus, den wir heute, einer Interpretation von H. WEYL [25] folgend, als *Heiratssatz (marriage theorem)* bezeichnen, vgl. auch HALMOS-VAUGHAN [8]. Er wurde zum Beweis des Mittelwertsatzes für fastperiodische Funktionen auf Gruppen verwendet. Inzwischen hatte D. KÖNIGS Ergebnis [10] weitere Kreise gezogen (EGERVARY [4], RADO [17]).

Es bahnte sich auf diese Weise ein kleines Imperium kombinatorischer Sätze an, das man heute meist als *matching theory* bezeichnet und das auch den Satz von FORD-FULKERSON [5] über den Fluß in Netzwerken sowie das Theorem von DILWORTH [3] einschließt.

Der Übersichtsartikel von MIRSKY-PERFECT [16] von 1966 hat ein Literaturverzeichnis von 108 Nummern. Zur Lektüre sind die einschlägigen Abschnitte bei C. BERGE [1], M. HALL [7], H. J. RYSER [18] und W. VOGEL [23] sowie die Ausarbeitung von HARPER-ROTA [9] geeignet.

Der vorliegende Text soll Einblick in diese Theorie geben. Wir beginnen mit dem heute als Einzelthema für die verschiedensten Gelegenheiten ja sehr beliebten Heiratssatz und führen danach auch die übrigen Hauptsätze der matching theory mit je einem unabhängigen Beweis und je mindestens einem Anwendungsbeispiel einzeln vor (§§ 1–4). In § 5 werden einige logische Verbindungen zwischen den zunächst einzeln präsentierten Hauptsätzen hergestellt. Der weitere Ausbau dieser Verbindungen sei dem Leser als Arbeitsthema empfohlen.

§ 1. Der Heiratssatz

Bekanntlich heiratet nicht jeder Herr die Dame, die er am liebsten hätte. Mancher muß zufrieden sein, seine Gattin wenigstens unter seinen Freundinnen im weiteren Sinne zu finden. Bei solchermaßen zurückgeschraubten Ansprüchen läßt sich für das Heiratsproblem ein mathematisches Modell finden, das eine Lösung liefert, falls nur die Herren nicht zu exklusiv in der Wahl ihrer Freundinnen sind. Der betreffende mathematische Satz ist unter dem Namen „Heiratssatz" bekannt und hat auch Anwendungen innerhalb der Mathematik.

Wer sich durch die im folgenden Modell auftretende Asymmetrie bezüglich der Geschlechter gestört fühlt, kann sie zumindest durch Vertauschung der Bezeichnungen umdrehen.

Betrachten wir einmal zwei Beispiele:

Wir stellen die Herren (links) den Damen (rechts) gegenüber und deuten Freundschaften durch verbindende Striche an. In der Situation

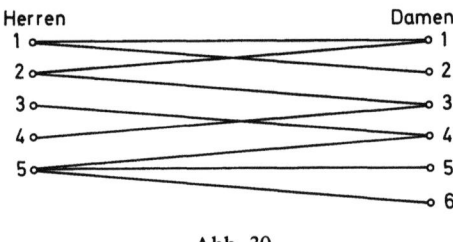

Abb. 30

kann man folgendermaßen alle Herren mit Freundinnen verheiraten. Herr 1, 2, 3, 4, 5; heiratet die Dame 2, 1, 4, 3, 5, Dame 6 bleibt ledig. – In der Situation

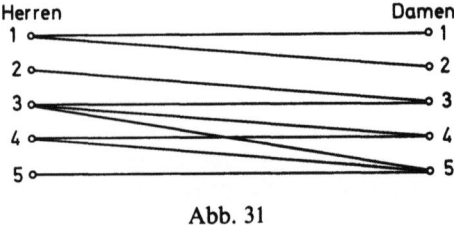

Abb. 31

kann man auf keine Weise alle Herren mit Freundinnen verheiraten, denn die Herren 2, 3, 4, 5 haben zusammen nur die Freundinnen 3, 4, 5; ein Herr muß also ledig bleiben.

1. Der Satz

Wir formulieren unser Problem nun abstrakt.

Sei $H = \{h, \ldots\}$ eine endliche nichtleere Menge, deren Elemente $h, \ldots$ als „Herren" bezeichnet werden, und $D = \{d, \ldots\}$ eine weitere nichtleere (evtl. auch unendliche) Menge: die „Damen". Jedem Herrn h sei eine Teilmenge $D(h)$ von D zugeordnet: das sind seine „Freundinnen". Für eine Teilmenge P von H setzen wir

$$D(P) = \bigcup_{h \in P} D(h),$$

das sind also alle Damen, die mindestens einen Freund in P haben, die also kommen, wenn die Herren $h \in P$ ihre sämtlichen Freundinnen zu einer Party einladen.

Als *Heirat* (unter Wahrung von Monogamie und Befreundung) bezeichnen wir jede Abbildung

$$d: H \to D,$$

die folgende Eigenschaften hat:

a) d ist ein-eindeutig, d.h. es herrscht *Monogamie*;
b) $d(h) \in D(h)$ ($h \in H$), d.h. die Gattin $d(h)$ eines Herrn h ist stets eine seiner Freundinnen.

Gibt es eine Heirat, so sind auf jeder Party mindestens die betr. Gattinnen anwesend, u.z. wegen Monogamie in derselben Zahl wie die Herren:

(1) $\qquad |D(P)| \geq |P| \quad (P \subseteq H)$.

Damit haben wir schon den trivialen Teil aus folgendem

Satz 1.1 (Heiratssatz): *Seien* $H, D \neq \emptyset, |H| < \infty$ *und die Mengen* $D(h) \subseteq D$ *($h \in H$) beliebig gegeben. Dann sind folgende Aussagen äquivalent:*

1) *Es gibt mindestens eine Heirat.*
2) *Es gilt* (1).

Beweis: 1) ⇒ 2) wurde schon gezeigt.

2) ⇒ 1): Wir führen den Beweis durch Induktion nach $|H|$. Für $|H| = 1$ bedeutet (1), daß der einzige Herr mindestens eine Freundin hat; er braucht also nur eine solche zu heiraten. Angenommen nun, $|H| > 1$ und 2) ⇒ 1) sei in allen Fällen mit weniger als $|H|$ Herren richtig. Wir unterscheiden zwei Fälle:

Fall I: (1) gilt in der stärkeren Form

(1a) $$|D(P)| > |P| \quad (\emptyset \neq P \neq H),$$

d.h. auf jeder Party mit nicht allen Herren herrscht Damenüberschuß. Insbesondere hat jeder Herr mindestens zwei Freundinnen. – Wir erlauben einem beliebigen Herrn, sich vorweg mit einer beliebigen unter seinen Freundinnen zu verheiraten. Die beiden gehen auf Hochzeitsreise, übrig bleiben $|H|-1$ Herren, und es fehlt auf jeder der Parties, die die übrigen Herren geben können, die bereits verheiratete Dame; da aber schon vor der Einzelhochzeit auf jeder dieser Parties mindestens eine Dame überzählig war (1a), herrscht auch jetzt – nach der Einzelhochzeit – noch immer kein Damenmangel. In der jetzigen Situation – mit $|H|-1$ Herren, deren jeder höchstens jene eine Dame aus dem Kreis seiner Freundinnen verloren hat – gilt also wieder (1), die Induktionsannahme ist anwendbar; auch für die übrigen $|H|-1$ Herren gibt es eine Heirat, die sich mit der vorangestellten Einzelheirat zu einer Heirat der sämtlichen $|H|$ Herren zusammenfügt.

Fall II: Es gibt ein $P_0 \neq H$ mit

(2) $$|D(P_0)| = |P_0| \neq 0.$$

Beschränkt man sich auf die Herren aus P_0, so kann man die Induktionsannahme anwenden, sie verheiraten und auf Hochzeitsreise schicken. Auf die daheimgebliebenen Damen und Herren, d.h. die Mengen $H_1 = H \setminus P_0$ und $D_1 = D \setminus D(P_0)$, kann man wiederum die Induktionsannahme anwenden, vorausgesetzt, es gilt noch die (1) entsprechende Bedingung. Angenommen, sie gilt nicht. Dann gibt es eine zu P_0 disjunkte Teilmenge P_1 von H, derart, daß $|D(P_1) \setminus D(P_0)| < |P_1|$ ist. Daraus folgt wegen (2) sofort

$$|D(P_0 + P_1)| = |D(P_0)| + |D(P_1) \setminus D(P_0)| < |P_0| + |P_1| = |P_0 + P_1|$$

im Widerspruch zu (1). q.e.d.

2. Eine quantitative Verschärfung

Es liegt natürlich nahe zu fragen, *wieviele* Heiraten es gibt, wenn überhaupt eine existiert. Der obige Beweis von Satz 1.1 enthält quantitative Möglichkeiten, die wir jetzt ausnützen wollen.

Satz 1.2: *Seien* $H, D \neq \emptyset$, $|H| < \infty$ *und die Mengen* $D(h) \subseteq D$ *($h \in H$) beliebig gegeben. Es gelte*

(1) $$|D(P)| \geq |P| \quad (P \subseteq H),$$

zusätzlich sei
$$|D(h)| \geq r > 0 \quad (h \in H).$$
Dann gibt es

1) *mindestens* $r!$ *verschiedene Heiraten* $d: H \to D$, *falls* $r \leq |H|$;
2) *mindestens* $\dfrac{r!}{(r-|H|)!}$ *verschiedene Heiraten* $d: H \to D$, *falls* $r > |H|$.

Beweis: Wir wiederholen den Beweis von Satz 1.1 in „quantifizierter" Form, setzen also wieder Induktion nach $|H|$ an. Im Falle $|H|=1$ ist etwa $H=\{h\}$ und man hat $|D(h)|$ Heiraten, was mit 1) und 2) übereinkommt. Angenommen, $|H|>1$ und man hat 1) und 2) schon in allen Fällen, wo es weniger als $|H|$ Herren gibt.

Fall I: $|D(P)| > |P| \quad (\emptyset \neq P \neq H).$

Wir verheiraten einen beliebigen Herrn mit einer beliebigen unter seinen Freundinnen. Hierfür gibt es mindestens r Möglichkeiten. Für die restlichen Damen und Herren sind die Voraussetzungen des Satzes mit $|H|-1$ statt $|H|$ und $r-1$ statt r erfüllt (man beachte, daß $r \geq 2$, also $r-1 > 0$ gilt). Aus $r \leq |H|$ folgt $r-1 \leq |H|-1$, also kann man nach der Induktionsannahme die restlichen Damen und Herren auf mindestens $(r-1)!$ Arten verheiraten und erhält somit insgesamt mindestens $r!$ verschiedene Heiraten. Ist $r > |H|$, so ist $r-1 > |H|-1$, also kann man nach der Induktionsannahme die restlichen Damen und Herren auf mindestens
$$\frac{(r-1)!}{[(r-1)-(|H|-1)]!} = \frac{(r-1)!}{(r-|H|)!}$$ Arten verheiraten und erhält
somit insgesamt mindestens
$$r \cdot \frac{(r-1)!}{(r-|H|)!} = \frac{r!}{(r-|H|)!}$$
verschiedene Heiraten. Also sind 1) bzw. 2) erfüllt.

Fall II: Es gibt ein $P_0 \neq H$ mit
(2) $\qquad\qquad |D(P_0)| = |P_0| \neq 0.$
Dann ist für $h \in P_0$
$$|D(h)| \leq |P_0| < |H|,$$
und damit wegen $r \leq |D(h)|$ auch $r \leq |P_0| < |H|$. Auf P_0 und die zugehörigen $D(h)$ $(h \in P_0)$ können wir also die Induktionsannahme anwenden. Da hier auch 1) vorliegt, haben wir mindestens $r!$ ver-

schiedene Heiraten für die Herren aus P_0. Jede von ihnen läßt sich, wie wir schon früher sahen, zu einer Gesamt-Heirat ergänzen. Damit ist der Satz auch in diesem Falle (es liegt 1) vor) bewiesen.

3. Einige Anwendungen

Wir wollen nun auf einige Anwendungen von Satz 1.1 (Heiratssatz) innerhalb der Mathematik zu sprechen kommen.

a) Systeme verschiedener Vertreter

Satz 1.3: *Seien* $M_1, \ldots, M_r$ *beliebige Mengen. Für jede Auswahl* $\rho_1, \ldots, \rho_u$ *von* $u \leq r$ *paarweise verschiedenen unter den Indices* $1, \ldots, r$ *sei*

(3) $\qquad |M_{\rho_1} \cup \cdots \cup M_{\rho_u}| \geq u.$

Dann gibt es in $M_1 \cup \cdots \cup M_r$ *r paarweise verschiedene Elemente* $d_1, \ldots, d_r$, *derart, daß*

$$d_1 \in M_1, \ldots, d_r \in M_r$$

gilt.

Ein solches System $d_1, \ldots, d_s$ heißt auch ein *System verschiedener Vertreter* ("system of distinct representatives") für die Mengen $M_1, \ldots, M_s$. – Zum Beweis setzt man $H = \{1, \ldots, r\}$, $D = M_1 \cup \ldots \cup M_r$ und $D(h) = M_h$ $(h = 1, \ldots, r)$. Dann ist (3) mit (1) gleichbedeutend. Eine Heirat läuft auf die Angabe von $d_1 \in M_1, \ldots, d_r \in M_r$ hinaus; Monogamie bedeutet dabei, daß diese Elemente paarweise verschieden sind.

b) Gemeinsame Vertretersysteme

Satz 1.4: *Sei eine Menge M auf zwei Weisen durch r Mengen bedeckt:*

$$M_1 \cup \cdots \cup M_r = M = M'_1 \cup \cdots \cup M'_r.$$

Für jede Auswahl $\rho_1, \ldots, \rho_u$ *von* $u \leq r$ *paarweise verschiedenen unter den Indices* $1, \ldots, r$ *sei*

(4) $\qquad (M_{\rho_1} \cup \cdots \cup M_{\rho_u}) \cap M'_\rho \neq \emptyset$

für mindestens u paarweise verschiedene ρ unter den $1, \ldots, r$. Dann gilt nach passender Umnumerierung der $M'_1, \ldots, M'_r$

(5) $\qquad M_1 \cap M'_1 \neq \emptyset, \ldots, M_r \cap M'_r \neq \emptyset.$

Beweis: Wir setzen $D = H = \{1, \ldots, r\}$ und

$$D(h) = \{\rho \mid M_h \cap M'_\rho \neq \emptyset\}.$$

Dann erweist sich (4) sogleich als zu (1) gleichbedeutend. Eine Heirat ist eine eineindeutige Abbildung von $\{1, \ldots, r\}$ auf sich selbst, die – als Umnumerierung angewendet – gerade (5) liefert.

Als Anwendung beweisen wir den schon in der Einleitung erwähnten, am Anfang der historischen Entwicklung stehenden

Satz 1.5 (Miller [15]): *Sei U eine Untergruppe der endlichen Gruppe G und*

$$\underline{a}_1 U + \cdots + \underline{a}_r U = G = U b_1 + \cdots + U b_r$$

die Zerlegung von G in die $r = [G : U] = \dfrac{|G|}{|U|}$ Links- bzw. Rechts-Nebenklassen nach U.

Dann gibt es r paarweise verschiedene Elemente $c_1, \ldots, c_r \in G$, derart, daß nach passender Umnumerierung der $b_1, \ldots, b_r$

$$a_1 U \ni c_1 \in U b_1, \ldots, a_r U \ni c_r \in U b_r$$

gilt.

Beweis: Wir wenden Satz 1.4 mit $M_\rho = a_\rho U, M'_\rho = U b_\rho$ ($\rho = 1, \ldots r$) an und haben hierzu (4) zu verifizieren. Wir beachten, daß die $a_\rho U$ ($\rho = 1, \ldots r$) paarweise disjunkt sind und ebenso die $U b_\rho$ ($\rho = 1, \ldots r$). Da alle diese Mengen die Mächtigkeit $|U|$ haben, hat man $|a_{\rho_1} U + \cdots + a_{\rho_u} U| = u \cdot |U|$. Würde die Menge $a_{\rho_1} U + \cdots + a_{\rho_u} U$ nur von $v < u$ Mengen $U b_\rho$ getroffen, so würde sie von diesen überdeckt, könnte also nur $v \cdot |U| < u \cdot |U|$ Elemente haben. Also gilt (4). Daß die gemeinsamen Vertreter $c_1, \ldots, c_r$ paarweise verschieden sein müssen, liegt daran, daß die $a_\rho U$ paarweise disjunkt sind.

Eine andere Anwendung bezieht sich auf *metrische Räume*. Sei $\Omega = \{\omega, \eta, \ldots\}$ eine nichtleere Menge; in ihr sei eine Metrik gegeben: Der Abstand zweier Punkte $\omega, \eta \in \Omega$ werde mit $|\omega, \eta|$ bezeichnet. Wir erinnern an die üblichen Eigenschaften eines Abstands: 1) $|\eta, \omega| = |\omega, \eta| \geq 0$ mit $|\omega, \eta| = 0 \Leftrightarrow \omega = \eta$. 2) $|\omega, \eta| \leq |\omega, \xi| + |\xi, \eta|$ ($\omega, \xi, \eta \in \Omega$).

Der *Durchmesser* $d(M)$ einer nichtleeren Menge $M \subseteq \Omega$ ist durch $d(M) = \sup\limits_{\omega, \eta \in M} |\omega, \eta|$ definiert. Eine Überdeckung $\Omega = M_1 \cup \cdots \cup M_r$ heißt eine ε-Überdeckung (der *Länge r*), wenn $d(M) < \varepsilon$ ($\rho = 1, \ldots, r$) gilt. Wir definieren $N(\varepsilon)$ als die kleinste Zahl r, die als Länge einer ε-Überdeckung auftritt, falls es solche überhaupt gibt (andernfalls setzen wir $N(\varepsilon)=\infty$) und bezeichnen eine ε-Überdeckung der Länge $N(\varepsilon)$ als *minimal*.

Satz 1.6: *Sei $N(\varepsilon)<\infty$ und seien*

$$M_1 \cup \cdots \cup M_{N(\varepsilon)} = \Omega = M'_1 \cup \cdots \cup M'_{N(\varepsilon)}$$

zwei minimale ε-Überdeckungen des metrischen Raumes Ω. Dann gilt nach passender Umnumerierung der $M'_1,\ldots,M'_{N(\varepsilon)}$

$$M_1 \cap M'_1 \neq \emptyset, \ldots, M_{N(\varepsilon)} \cap M'_{N(\varepsilon)} \neq \emptyset.$$

Beweis: Wie im Beweis des vorigen Satzes haben wir nur (4) nachzuweisen. Würde die Menge $M_{\rho_1} \cup \cdots \cup M_{\rho_u}$ nur von $v<u$ Mengen M'_ρ getroffen, so würde sie von diesen – die wir etwa als $M'_{\sigma_1},\ldots,M'_{\sigma_u}$ numerieren, – überdeckt. Bezeichnet $M_{\rho_{u+1}},\ldots,M_{\rho_{N(\varepsilon)}}$ eine Numerierung der bei den $M_{\rho_1},\ldots,M_{\rho_u}$ nicht mitgezählten $M^{(\rho)}$, so ergäbe

$$M'_{\sigma_1},\ldots,M'_{\sigma_v},M_{\rho_{u+1}},\ldots,M_{\rho_{N(\varepsilon)}}$$

eine ε-Überdeckung von Ω der Länge $v+N(\varepsilon)-u<u+N(\varepsilon)-u = N(\varepsilon)$ im Widerspruch zur Minimalität von $N(\varepsilon)$. Wir haben damit (4) nachgewiesen und der Satz folgt.

Der Leser wird bemerken, daß im obigen Beweis von Metrik und Abständen gar nicht die Rede war. In der Tat bleibt der Satz richtig, wenn man das System der Mengen vom Durchmesser $<\varepsilon$ durch ein beliebiges System nichtleerer Teilmengen von Ω ersetzt, sofern man ihm nur endliche Überdeckungen der beliebigen Grundmenge $\Omega \neq 0$ entnehmen kann; man wird dann $N(\varepsilon)$ durch die minimale Länge einer solchen Überdeckung ersetzen. Die Beschränkung auf metrische Räume erfolgte nur wegen einer gewissen Anschaulichkeit.

c) Das Haarsche Maß auf kompakten Gruppen

Leser mit weiter ausgreifenden Interessen seien darauf hingewiesen, daß man den Heiratssatz auch zum Beweis des Mittelwertsatzes für fastperiodische Funktionen und damit zum Beweis der Existenz und Eindeutigkeit des Haarschen Maßes auf kompakten Gruppen verwenden kann. Es sind hierzu nur geringe Vorkenntnisse aus der allgemeinen Topologie und der Theorie der topologischen Gruppen nötig. Wir verzichten hier auf eine nähere Ausführung und verweisen den Leser auf MAAK [13].

§ 2. Der Satz von König

handelt von speziellen Graphen (vgl. König [11], S. 232). Sicher hat der Leser irgendwann einmal gelernt, sich unter einem Graphen ein Netz von Linien, die gewisse Knotenpunkte miteinander verbinden, vorzustellen. Er wird auch wissen, daß es dabei nicht so genau auf den Verlauf der Linien und die Lage der Knotenpunkte ankommt, sondern nur darauf, welche Linien welche Knoten verbinden, allenfalls in welcher Richtung.

Um etwas mathematisch Exaktes zu bekommen, gehen wir, uns sogleich auf den hier interessierenden Spezialfall beschränkend, folgendermaßen abstrakt vor:

Seien A, E zwei disjunkte nichtleere endliche Mengen. Sei K eine Menge von Paaren (a, e) mit $a \in A, e \in E$, derart, daß jedes $a \in A$ als vordere Komponente mindestens eines Paares aus K vorkommt. Wir bezeichnen die Elemente von $A + E$ als die *Punkte*, die Paare aus K als die *Kanten* des durch diese Daten definierten *paaren Graphen*, und sagen, die Kante (a, e) *verbinde* die Punkte a und e. Die Punkte aus A werden als *Anfangs-*, die aus E als *Endpunkte* des Graphen bezeichnet. Die vorhin an K gestellten Forderungen besagen gerade, daß von jedem Anfangspunkt mindestens eine Karte ausgeht und jede Kante einen Anfangs- mit einem Endpunkt verbindet. Das Wort „paar" weist auf die Einteilung der Punkte in Anfangs- und Endprodukte hin. Die Abbildung 32 veranschaulicht einen paaren Graphen.

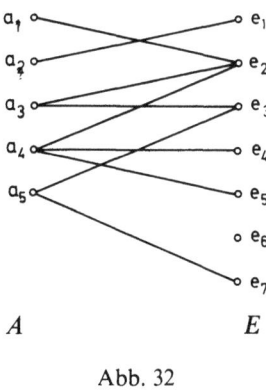

Abb. 32

Eine Teilmenge S von $A + E$ heißt ein *Schnitt*, wenn sie mit jeder Kante aus K mindestens einen Punkt gemeinsam hat. Natürlich ist $A+E$ selbst ein Schnitt. Wir sind daran interessiert, möglichst kurze Schnitte zu finden. Die Zahl

$$s = \min_{S\text{ Schnitt}} |S|$$

wird als *Schnittzahl* des Graphen bezeichnet. – Andererseits wollen wir uns dafür interessieren, möglichst große Mengen paarweise disjunkter Kanten zu erhalten. Eine Teilmenge K_0 von K heißt *disjunkt*, wenn aus $(a,e), (a',e') \in K_0, (a,e) \neq (a',e')$ stets $a \neq a', e \neq e'$ folgt. Die Zahl

$$k = \max_{K_0 \text{ disjunkt}} |K_0|$$

nennen wir die *Kettenzahl* des Graphen.

In obiger Abb. bilden a_1, a_2, a_3, a_4, a_5 einen Schnitt, es gibt die 5 disjunkten Kanten $(a_1, e_2), (a_2, e_1), (a_3, e_3), (a_4, e_4), (a_5, e_7)$, und man findet $s = k = 5$.

Diese letzte Gleichung ist nun allgemein richtig:

Satz 2.1 (König [11]): *Stets gilt*

$$s = k$$

d. h. die minimale Mächtigkeit eines Schnitts ist gleich der maximalen Mächtigkeit einer disjunkten Kantenmenge.

Man kann also von einem Ausgleich unserer beiden Interessen sprechen.

Beweis: 1) Jeder Schnitt S enthält von jeder Kante einer disjunkten Kantenmenge $K_0 \subseteq K$ mindestens einen Punkt: $|S| \geq |K_0|$, also

$$s \geq k.$$

2) Sei $K_0 = \{(a_1, e_1), \ldots, (a_k, e_k)\} \subseteq K$ eine disjunkte Menge mit der maximalen Anzahl k von Mitgliedern. Wir setzen $A_0 = \{a_1, \ldots, a_k\}$, $E_0 = \{e_1, \ldots, e_k\}$. Eine Folge

$$e^1 a^1 \ldots e^r a^r$$

von paarweise verschiedenen Punkten heißt ein K_0-*Zickzackweg*, wenn folgendes gilt:

a) $a^1, \ldots, a^r \in A, e^1, \ldots, e^r \in E$,

b) $(a^1, e^1), (a^1, e^2), (a^2, e^2), (a^2, e^3), \ldots, (a^r, e^r) \in K$,

c) $(a^1, e^2), (a^2, e^3), \ldots, (a^{r-1}, e^r) \in K_0$.

Die Abbildung 33

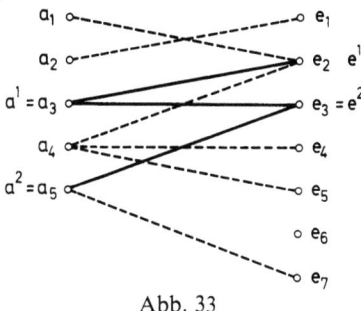

Abb. 33

zeigt in den ausgezogenen Linien einen solchen K_0-Zickzackweg. Aus der Maximalität von K_0 folgt nun:

Es gibt keinen K_0-Zickzackweg mit $e^1 \in E - E_0$, $a^r \in A - A_0$. Denn sonst nehme man einen solchen Weg und bilde die Kantenmenge K_1, indem man aus K_0 die $r-1$ Kanten $(a^1, e^2), \ldots, (a^{r-1}, e^1)$ $\ldots, (a^r, e^r)$ hinzugefügt. K_1 ist dann wieder disjunkt: Die hinzugefügten Kanten verbinden nur Punkte, die Endpunkte inzwischen hinausgeworfener Kanten aus K_0 waren, sowie a^1 mit dem Punkt e^1, der nicht zu E_0 gehörte, und den nicht zu A_0 gehörigen Punkt a^r mit e^r. K_1 hat aber $k+1$ Kanten, was wegen der Maximalität von K_0 einen Widerspruch liefert.

Für $j = 1, \ldots, k$ setzen wir nun

$$s_j = e_j$$

falls es einen K_0-Zickzackweg von e_j nach $A - A_0$ gibt, und

$$s_j = a_j,$$

falls es keinen K_0-Zickzackweg von e_j nach $A - A_0$ gibt. Wir behaupten, daß $S = \{s_1, \ldots, s_k\}$ ein Schnitt ist. Sei also $(a, e) \in K$ beliebig.

Fall I: $a \in A - A_0$, $e \in E - E_0$. – Dann ist $K_0 \cup \{(a, e)\}$ eine disjunkte Menge von $k+1$ Kanten, im Widerspruch zur Maximalität von K_0.

Fall II: $a \in A - A_0, e \in E_0$, etwa $e = e_j$. – Dann ist e_j, a_j ein K_0-Zickzackweg von e_j nach $A - A_0$, also $s_j = e_j$, d. h. (a, e) hat mit S den Punkt $e_j = e$ gemeinsam.

Fall III: $a \in A_0, e \in E - E_0$, etwa $a = a_j$. – Gäbe es einen K_0-Zickzackweg $e_j = e^1, a^1, \ldots, e^r, a^r$ der e_j mit einem Punkt $a^r \in A - A_0$ verbindet, so wäre

$$e, a = a_j, e_j = e^1, a^1, \ldots, e^r, a^r$$

ein K_0-Zickzackweg von $e \in E - E_0$ nach $a' \in A - A_0$, was nicht geht. Also ist $s_j = a_j$, d. h. (a,e) hat mit S den Punkt $a_j = a$ gemeinsam.

Fall IV: $a \in A_0, e \in E_0$, etwa $a = a_i, e = e_j$. – Ist $i = j$, so hat (a,e) mit S den Punkt a_i oder e_i gemeinsam. Ist $i \neq j$, so gibt es zwei Möglichkeiten: Entweder ist $a_i \in S$, dann sind wir fertig; oder $a_i \notin S$, also $e_i \in S$, d. h. es gibt einen K_0-Zickzackweg $e_i = e^1, a^1, \ldots, e^r, a^r$ von e_i zu einem Punkt $a' \in A - A_0$, dann aber ist $e = e_j, a = a_i$, $e_i = e^1, a^1, \ldots, e^r, a^r$ ein K_0-Zickzackweg, der von $e = e_j$ nach $A - A_0$ führt, und somit $s_j = e_j$; dann hat also (a,e) mit S den Punkt $e = e_j$ gemeinsam. Damit ist alles bewiesen.

Dem Leser sei empfohlen, sich kurz einmal auf folgende Situation umzustellen: T sei eine rechteckige Matrix von Nullen und Einsen, Z das System ihrer Zeilen, S das System ihrer Spalten. Eine Teilmenge von $Z \cup S$ heiße *bedeckend*, wenn in den betr. Zeilen und Spalten sämtliche Einsen von T vorkommen. b sei die minimale Mächtigkeit einer solchen Menge. Umgekehrt sei d die maximale Mächtigkeit eines Systems von Einsen in T, von denen keine zwei in derselben Zeile und keine zwei in derselben Spalte stehen. Durch Uminterpretation von Satz 2.1. folgt dann

Satz 2.2: *Stets gilt* $b = d$.

Der durch die Mengen A, E und K definierte paare Graph heißt *regulär*, wenn an jedem Punkt gleichviele Kanten hängen, d. h. wenn es eine Zahl $g \geq 1$ gibt, derart, daß

$$|\{e | (a,e) \in K\}| = g \quad (a \in A),$$
$$|\{a | (a,e) \in K\}| = g \quad (e \in E)$$

gilt. g heißt dann der *Grad* des Graphen. Die Abbildung 32 zeigt einen paaren Graphen vom Grade 2:

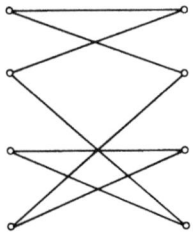

Abb. 34

Eine Teilmenge K_0 von K heißt ein *Faktor* 1. *Grades* (des beliebigen paaren Graphen), wenn an jedem Punkt des Graphen genau eine Kante aus K_0 hängt. In der Abbildung 35 bilden die ausgezogenen Linien einen Faktor 1. Grades des oben vorgestellten Graphen:

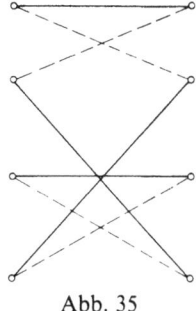

Abb. 35

Der Leser wird bereits erraten haben, daß in einem paaren regulären Graphen A, E, K vom Grade g stets $|A| = |E|$ und $|K| = g|A|$ gilt. Der Beweis liegt auf der Hand: Von A gehen $g|A|$ Kanten aus, die zu je g in einem Punkt von E zusammenlaufen müssen.

Nun beweisen wir noch den

Satz 2.3: *Jeder reguläre paare Graph besitzt mindestens einen Faktor 1. Grades.*

Beweis: Sei $|A| = n$. Wir zeigen, daß die Schnittzahl des Gaaphen $s = n$ ist. Natürlich ist A ein Schnitt. Gäbe es einen Schnitt S mit $|S| = s < n$, so gäbe es insgesamt höchstens $g \cdot s$ Kanten. Also ist $s = n$. Nach Satz 2.1 gibt es ein disjunktes System von n Kanten. Es ist offenbar ein Faktor 1. Grades.

§ 3. Der Satz von Dilworth

Man lernt heute beim Mathematikstudium frühzeitig, die vertrauten Größenrelationen etwa zwischen natürlichen oder reellen Zahlen mit Hilfe der Anordnungsaxiome abstrakt zu fassen, und mit dieser abstrakten Struktur umzugehen. Geläufig sind auch die Versuche, den Geltungsbereich dieser Struktur weiter auszudehnen, aber man weiß auch, daß oft spezielle Tricks (z. B. lexikographische Anordnung) nötig sind, um dabei alle Anordnungsaxiome durchzusetzen. Erklärt man z. B. für reelle Funktionen auf einer festen Menge die Relation $\leq$ punktweise, so ist i. a. eins der Anordnungsaxiome verletzt: Es gibt Funktionen, die nicht miteinander vergleichbar sind. Dieselbe Erfahrung macht man mit der Relation $\subseteq$ für Mengen.

Es liegt daher nahe, das *Axiom* der Vergleichbarkeit etwas zurückzustellen, dem *Phänomen* der Vergleichbarkeit aber, wenn es auftritt, besonderes Augenmerk zu schenken. Um ganz genau zu sein, definieren wir:

Ist $M=\{a,b,c,...\}$ eine nichtleere Menge, so wird jede Teilmenge R des cartesischen Produkts $M \times M = \{(a,b)|a,b \in M\}$ auch als eine *Relation* in M bezeichnet. Wir denken uns eine Relation R in M fixiert. Ist $(a,b) \in R$, so sagt man, a und b (in dieser Reihenfolge) *stehen in der Relation R*. Wir wollen hier $a \leq b$ oder $b \geq a$ schreiben, wenn $(a,b) \in R$ gilt, und dann sagen, a sei *kleiner gleich* b oder b sei *größer gleich* a; wir sagen, die Relation R bzw. $\leq$ sei eine *Halbordnung*, wenn folgendes gilt:

(1) $\quad a \leq a \qquad\qquad\qquad\quad (a \in M) \qquad$ (Reflexivität),

(2) $\quad a \leq b, \quad b \leq a \Rightarrow a=b \quad (a,b \in M) \qquad$ (Schärfe),

(3) $\quad a \leq b, \quad b \leq c \Rightarrow a \leq c \quad (a,b,c \in M) \qquad$ (Transitivität).

Man sagt, a und b seien *vergleichbar*, wenn $a \leq b$ oder $b \leq a$ gilt, sonst heißen sie *unvergleichbar*. Eine Teilmenge K von M, deren Elemente paarweise vergleichbar sind, heißt eine *Kette*. Eine Teilmenge U von M, deren Elemente paarweise unvergleichbar sind, heißt *ungeordnet*. Nur einelementige Mengen sind ungeordnet und Ketten zugleich. Eine Darstellung

$$Z:\ M=K_1+\cdots+K_r$$

von M als disjunkte Vereinigung von endlichvielen Ketten $K_1,...,K_r$ heißt eine *Kettenzerlegung* von M. Wenn M endlich ist, liefern die einelementigen Mengen eine (endliche) Kettenzerlegung Z von M mit $|Z|=|M|$. Ist M selbst eine Kette, so ist $Z:M=M$ eine Kettenzerlegung mit $|Z|=1$. Allgemein bezeichnen wir

$$k(M)= \min_{Z \text{ Kettenzerlegung}} |Z|$$

als die *Kettenzahl* von M (mit $\leq$); ist $|M|=\infty$ und gibt es keine (endliche) Kettenzerlegung, so kann man vollständigkeitshalber $k(M)=\infty$ setzen, aber wir werden uns nur mit dem Fall $|M|<\infty$ näher befassen. – Die Zahl

$$d(M)= \sup_{U \text{ ungeordnet}} |U|$$

bezeichnen wir als die *Dilworth-Zahl* von M (mit $\leq$); auch sie wird uns nur im Falle $|M|<\infty$ interessieren, dann kann man max statt sup schreiben.

Machen wir uns mit diesen Begriffen zunächst etwas vertraut. Ist M selbst eine Kette, so ist natürlich $k(M)=d(M)=1$. Ist M selbst ungeordnet, so ist $k(M)=d(M)=|M|$.

In einer Menge M von 6 Elementen, die wir der Einfachheit halber mit $1,\ldots,6$ bezeichnen, gibt die folgende Tabelle eine Halbordnung an

	1	2	3	4	5	6
1	≤			≤		
2		≤	≤	≤	≤	≤
3			≤			
4				≤		
5				≤	≤	≤
6						≤

Anschaulicher ist es, einen Graphen zu zeichnen, in dem ein Pfeil oder eine Pfeilkette von a nach b die Relation $a \leq b$ ausdrückt:

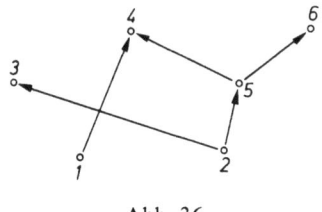

Abb. 36

Man stellt fest: $k(M)=d(M)=3$; $\{1,3\}$, $\{1,3,5\}$, $\{1,3,6\}$, $\{3,4,6\}$ sind ungeordnet; $M=\{1,4\}+\{3\}+\{2,5,6\}$ ist eine Kettenzerlegung von M.

Damit sind wir heuristisch etwas vorbereitet auf den

Satz 3.1 (Dilworth [3]): *Für jede endliche halbgeordnete Menge M gilt*
$$k(M)=d(M).$$

Beweis: (nach HARPER-ROTA [9]).

I. $k(M) \geq d(M)$ ist nahezu trivial: Ist $U \subseteq M$ ungeordnet, so gilt $|K \cap U| \leq 1$ für jede Kette $K \subseteq M$. Ist also $M = K_1 + \cdots + K_r$ eine Kettenzerlegung, so folgt

$$|U| = |U \cap M| = |U \cap (K_1 + \cdots + K_r)|$$
$$= |(U \cap K_1) + \cdots + (U \cap K_r)|$$
$$= |U \cap K_1| + \cdots + |U \cap K_r| \leq r,$$

woraus durch Übergang zum Maximum bzw. Minimum die behauptete Ungleichung folgt.

II. Um $k(M) \leq d(M)$ zu beweisen, setzen wir Induktion nach $|M|$ an. Für $|M| = 1$ ist $k(M) = d(M) = 1$. Angenommen, $|M| > 1$ und die Ungleichung ist in jeder Situation mit weniger als $|M|$ Elementen richtig. Ein Element $a \in M$ heiße *minimal*, wenn $a' \leq a \Rightarrow a' = a$ gilt; $b \in M$ heiße *maximal*, wenn $b' \geq b \Rightarrow b' = b$ gilt. Sei $\underline{M} = \{a | a \in M, a \text{ minimal}\}$ und $\bar{M} = \{b | b \in M, b \text{ maximal}\}$. Man stellt zunächst fest, daß $\underline{M}$ und $\bar{M}$ nichtleer sind, genauer: Zu jedem $x \in M$ gibt es ein $a \in \underline{M}$ und ein $b \in \bar{M}$ mit $a \leq x \leq b$. Man braucht nur von x sukzessive zu echt kleineren Elementen abzusteigen, bis dies wegen der Endlichkeit von M nicht mehr möglich ist; dann ist man bei einem minimalen $a \leq x$ angelangt. Ebenso erhält man b durch Aufsteigen. – Offenbar sind $\underline{M}$ und $\bar{M}$ ungeordnet. Wir unterscheiden nun zwei Fälle.

Fall I: Es gibt eine ungeordnete Menge $U \subseteq M$ mit $|U| = d(M)$ und $U \not\supseteq \underline{M}$, $U \not\supseteq \bar{M}$. – Dann sei $\tilde{U}$ die Menge aller von Elementen aus U minorisierten Elemente in M, also

$$\tilde{U} = \{y | \text{ es gibt ein } u \in U \text{ mit } u \leq y\}.$$

Analog bilden wir

$$\underline{U} = \{x | \text{ es gibt ein } u \in U \text{ mit } x \leq u\}.$$

Dann gilt

1) $\underline{U} \cup \tilde{U} = M$, denn gäbe es ein $x \notin \underline{U} \cup \tilde{U}$, so wäre x mit keinem Element aus U vergleichbar, und $U \cup \{x\}$ wäre ungeordnet, also $d(M) \geq |U \cup \{x\}| = |U| + 1 > |U|$ im Gegensatz zur Annahme $|U| = d(M)$.

2) $\underline{U} \cap \tilde{U} = U$, zunächst ist hier $\supseteq$ trivial, denn $U \subseteq \underline{U}$, $U \subseteq \tilde{U}$; ist nun $x \in \underline{U} \cap \tilde{U}$, so könnte man wegen $x \in \underline{U}$ ein $v \in U$ mit $x \leq v$, und wegen $x \in \tilde{U}$ ein $u \in U$ mit $u \leq x$ finden. Man hat also $u \leq x$, $x \leq v$, mithin $u \leq v$. Da U ungeordnet ist, folgt $u = v = x \in U$; also haben wir $\subseteq$ gezeigt.

Nach der unseren Fall I kennzeichnenden Annahme ist $\underline{U} \neq M \neq \tilde{U}$, denn beispielsweise gehören die Elemente von $\bar{M} \setminus U$ nicht zu $\underline{U}$, und die von $\underline{M} \setminus U$ nicht zu $\tilde{U}$. Also kann man die Induktionsannahme auf $\underline{U}$ und $\tilde{U}$ anwenden. Hier gilt aber

$$d(\underline{U}) = d(M) = |U| = d(\tilde{U}),$$

denn die Dilworth-Zahl sinkt höchstens beim Übergang zu einer Teilmenge, andererseits enthält $\underline{U}$ wie auch $\tilde{U}$ die angeordnete Teilmenge U mit $|U| = d(M)$. Also haben wir

$$k(\underline{U}) = d(M) = |U| = k(\tilde{U})$$

aus der Induktionsannahme. Es gibt Kettenzerlegungen

$$\underline{U} = \underline{K}_1 + \cdots + \underline{K}_d$$
$$\tilde{U} = \tilde{K}_1 + \cdots + \tilde{K}_d \quad (d = d(M)).$$

Offenbar machen die oberen Enden der $\underline{K}_k$ gerade U aus, ebenso die unteren Enden der $\tilde{K}_k$. Indem wir notfalls umnumerieren, können wir erreichen, daß das obere Ende von $\underline{K}_k$ gleich dem unteren Ende von $\tilde{K}_k$ ist. Dann ist mit

$$K_1 = \underline{K}_1 \cup \tilde{K}_1, \ldots, K_d = \underline{K}_d \cup \tilde{K}_d$$

eine Kettenzerlegung

$$Z: M = K_1 + \cdots + K_d$$

mit $|Z| = d$ konstruiert, und wir erhalten die verlangte Ungleichung $K(M) \leq d(M)$ in unserem Fall.

Fall II: Für jede ungeordnete Menge $U \subseteq M$ mit $|U| = d(M)$ gilt $U \supseteq \underline{M}$ oder $U \supseteq \bar{M}$. – Wir wählen nun $a \in \underline{M}$, $b \in \bar{M}$, mit $a \leq b$ (dies ist möglich, wie wir oben gesehen haben). Wir nehmen aus M die Kette $\{a, b\}$ heraus. Die verbleibenden Elemente bilden eine Menge M' mit $|M'| < |M|$ (immerhin kann $a = b$ sein), auf die sich die Induktionsannahme anwenden läßt. Es ist $d(M') \leq d(M)$. Dabei ist aber Gleichheit ausgeschlossen, sonst gäbe es in M' eine ungeordnete Teilmenge U mit $|U| = d(M)$; diese müßte nach unserer Annahme etwa $\underline{M}$ enthalten, also a, im Widerspruch zur Konstruktion. Also ist $d(M') \leq d(M) - 1$. Nimmt man zu einer Zerlegung von M' in $\leq d(M) - 1$ Ketten noch die Kette $\{a, b\}$ hinzu, so entsteht eine Zerlegung von M in $\leq d(M)$ Ketten, so daß wir wieder $k(M) \leq d(M)$ erhalten. q.e.d.

Zum Abschluß berechnen wir die Dilworth-Zahl für folgendes

Beispiel 3.2: Sei X eine endlich nichtleere Menge mit n Elementen und M das System aller Teilmengen von X, versehen mit der durch die Mengen-Relation $\subseteq$ gegebenen Halbordnung. Es ist also $|M|=2^n$. Sei $d=d(M)$, und ein ungeordnetes $U\subseteq M$ mit $|U|=d$ beliebig gewählt. U besteht also aus d Mengen $F_1,\ldots,F_d\subseteq X$, von denen keine zwei verschiedene in der Relation $\subseteq$ oder $\supseteq$ stehen. Sei E_k die Gesamtheit aller Ketten, die F_k enthalten und weder Einschub noch Verlängerung gestatten. Jede solche Kette steigt von $\emptyset$ nach X in n Schritten auf, indem jedesmal ein Element von X hinzugefügt wird. Von F_k aufwärts hat man für $|F_k|=r$ zunächst $n-r$ Möglichkeiten, ein erstes Element hinzuzufügen, dann noch $n-r-1$ Möglichkeiten für ein zweites Element etc. Ebenso zählt man die Möglichkeiten des Absteigens durch und stellt so fest, daß E_k gerade $(n-r)!r!$ solche Ketten enthält. Da zwei verschiedene F_k unvergleichbar sind, sind die E_k paarweise disjunkt. Bezeichnet f_r die Anzahl der k mit $|F_k|=r$, so erhalten wir

$$\sum_{r=0}^{n} f_r(n-r)!r! \leq n!,$$

denn $n!$ ist die Anzahl aller Ketten der genannten Art. Man erhält also

(4)
$$\sum_{r=0}^{n} \frac{f_r}{\binom{n}{r}} \leq 1.$$

Bezeichnet allgemein $[\alpha]$ die größte ganze Zahl $\leq \alpha$ (α reell), so hat man bekanntlich

$$\binom{n}{r} \leq \binom{n}{\left[\frac{n}{2}\right]} \quad (r=0,\ldots,n),$$

so daß man aus (4)

$$\sum_{r=0}^{n} \frac{f_r}{\binom{n}{\left[\frac{n}{2}\right]}} \leq 1,$$

also

$$d = \sum_{r=0}^{n} f_r \leq \binom{n}{\left[\frac{n}{2}\right]}$$

erhält. Hier gilt nun in Wahrheit das Gleichheitszeichen: Die $\binom{n}{\left[\frac{n}{2}\right]}$ verschiedenen Teilmengen der Mächtigkeit $\left[\frac{n}{2}\right]$ sind paarweise unvergleichbar, weil sie alle dieselbe Mächtigkeit haben. Wir erhalten somit

$$d(M) = k(M) = \binom{n}{\left[\frac{n}{2}\right]}.$$

Dies ist ein Resultat von SPERNER [20].

§ 4. Das Schnitt-Fluß-Theorem von L. R. Ford und D. R. Fulkerson

wurde 1956 in [2] veröffentlicht und handelt von Schnitten und Flüssen in Netzwerken. Er läßt sich auch mit den Worten „*Maximaler Fluß = minimaler Schnitt*" kurz aussprechen. Wir beginnen mit der allgemeinen Terminologie der Netzwerke und beweisen dann das Theorem mit Hilfe eines sog. *Markierungsalgorithmus*.

1. Netzwerke, Schnitte und Flüsse

Der Begriff „*Netzwerk*" ist eine mathematische Präzisierung von Vorstellungen wie
Netz von Röhren mit gegebenen Durchflußkapazitäten.
Netz von Straßen mit gegebenen Transportkapazitäten.
„Flüsse" entsprechen Transportvorgängen in einem solchen Netz. Sie haben sich an die gegebenen Kapazitätsbeschränkungen zu halten.
„Schnitte" entsprechen Teilsystemen des Transportnetzes, bei deren Ausfall das ganze Netz zum Stilliegen kommt.
Grundsätzlich geht jeder Fluß von einer „Quelle" aus und landet in einer „Senke". Unterwegs darf nichts gestapelt werden oder verloren gehen.
Von diesen Vorstellungen geleitet, bilden wir die folgenden exakten Begriffe:

A) Ein *Netzwerk* ist ein 6-Tupel $(a, P, e, W, \alpha, \varepsilon)$, wobei

a) $P = \{p, q, \ldots\}$ eine endliche (evtl. leere) Menge,
b) $W = \{w, u, v, \ldots\}$ eine endliche nichtleere Menge,
c) α eine Abbildung von W *auf* $\{a\} \cup P$,
d) ε eine Abbildung von W *auf* $P \cup \{e\}$

ist und

(1) $\qquad P \not\ni a \neq e \notin P,$
(2) $\qquad \alpha(w) \neq \varepsilon(w) \quad (w \in W)$

gilt. Die Elemente von $\{a\} + P + \{e\}$ heißen die *(Knoten-) Punkte*, speziell a der *Anfang(spunkt)* und e das *Ende (der Endpunkt)* des Netzwerks; die Elemente von W heißen *Wegstücke im Netzwerk*; $\alpha(w)$ heißt der *Anfang (spunkt)*, $\varepsilon(w)$ *das Ende (der Endpunkt)* des Wegstücks w. Eine Folge $w_1, \ldots, w_r \in W$ mit

$$\varepsilon(w_\rho) = \alpha(w_{\rho+1}) \quad (\rho = 1, \ldots, r-1)$$

heißt ein *Weg* im Netzwerk, $\alpha(w_1)$ sein *Anfang*, $\varepsilon(w_r)$ sein *Ende*, r seine *Länge*. Man spricht auch von einem *Weg von* $\alpha(w_1)$ *nach* $\varepsilon(w_r)$. Ist $\alpha(w_1) = \varepsilon(w_r)$, so heißt er *ein Zyklus*. Wir setzen voraus:

Es gibt keine Zyklen.

Das impliziert nochmals (2). Mit c), d) zusammen impliziert es: Jeder Weg läßt sich zu einem Weg von a nach e verlängern (indem man evtl. vorn und hinten weitere Wegstücke solange anfügt, bis man vorne a und hinten e erreicht hat; dazu muß es wegen der Endlichkeit von W einmal kommen, da kein Zyklus auftritt und

jeder Punkt außer a Endpunkt,
jeder Punkt außer e Anfangspunkt

eines weiteren Wegstücks ist. (Man beachte das „auf" in c) und d).)

B) Eine Teilmenge S von W heißt ein *Schnitt*, wenn in jedem Weg von a nach e ein Wegstück aus S auftritt.

Anschaulich können wir uns ein Netzwerk in Form eines Graphen, in dem die Knoten durch Punkte und die Wegstücke als gerichtete Strecken auftreten, vorstellen, z. B.

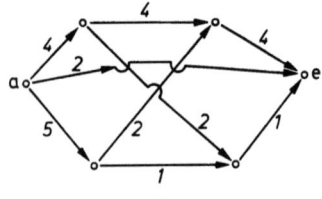

Abb. 37

(die Zahlen bedeuten die Kapazitäten, s. u.). Die drei in e mündenden Strecken bilden einen Schnitt. Soweit das rein Kombinatorische. Jetzt treten quantitative Vorstellungen hinzu.

C) Eine auf W definierte *strikt positive* Funktion c heißt eine *Kapazitätsverteilung* auf W. Man nennt $c(w)$ die *Kapazität des Wegstücks* w. Ist $S \subseteq W$, so heißt $c(S) = \sum_{w \in S} c(w)$ *die Kapazität von S*.

D) Eine auf W definierte *nichtnegative Funktion* f heißt ein *Fluß* (im gegebenen Netzwerk), wenn

(3) $$\sum_{\varepsilon(w)=p} f(w) = \sum_{\alpha(u)=p} f(u) \quad (p \in P)$$

gilt: *Aus jedem Knotenpunkt* $\neq a, e$ *fließt ebensoviel heraus wie hineinfließt*. Gilt

$$f \leq c$$

so sagt man, *der Fluß halte sich im Rahmen der Kapazitäten*.

Anmerkung: Ließe man auch Wegstücke w mit $c(w)=0$ zu, so könnte man durch Einfügen von solchen die Bedingungen c), d) stets erzwingen, ohne an den Möglichkeiten für Flüsse im Rahmen der Kapazitäten etwas zu ändern.

Aus (3) wird man intuitiv sofort schließen:

Aus a fließt ebensoviel heraus, wie in e hineinfließt,

denn „unterwegs geht keine Materie verloren". – Ein exakter Beweis dafür sieht so aus:

Auf der rechten Seite von

$$0 = \sum_{w \in W} [f(w) - f(w)]$$

fasse man die positiven Terme nach gleichen $\alpha(w)$ zusammen, die negativen nach gleichen $\varepsilon(w)$. Es entsteht, da α nur Werte a und $p \in P$, ε nur Werte $p \in P$ und e annimmt,

$$0 = \sum_{\alpha(w)=a} f(w) + \sum_{p \in P} \sum_{\alpha(w)=p} f(w) - \sum_{p \in P} \sum_{\varepsilon(w)=p} f(w) - \sum_{\varepsilon(w)=e} f(w).$$

Wegen (3) heben sich die beiden Doppelsummen weg, und es bleibt:

(4) $$\sum_{\varepsilon(w)=e} f(w) = \sum_{\alpha(w)=a} f(w),$$

wie gewünscht. Den gemeinsamen Wert der beiden Summen (4) nennt man die *(Gesamt-)Stärke* $\|f\|$ *des Flusses* f.

2. Eingleisige Flüsse

Wir betrachten ein festes Netzwerk $(a, P, e, W, \alpha, \varepsilon)$.

Definition 4.1: *Ein Fluß f heißt eingleisig, wenn es einen Weg $w_1, \ldots, w_r \in W$ von a nach e mit $f(w) = 0$ $(w \neq w_1, \ldots, w_r)$ gibt.*

Das bedeutet anschaulich: Nur längs des Weges $w_1, \ldots, w_r$ fließt wirklich etwas.

Da die Endpunkte $\varepsilon(w_1), \ldots, \varepsilon(w_r)$ untereinander und von a verschieden sind (es gibt keine Zyklen), und da aus jedem Punkt $\neq a, e$ soviel heraus- wie hineinfließt, folgt:

$$f(w_1) = \cdots = f(w_r) = \|f\|.$$

Flüsse kann man, als Funktionen auf W, addieren. Dabei addieren sich natürlich auch die Stärken der Flüsse.

Da die den Begriff des Flusses definierenden Relationen linear sind, folgt: Die Summe von endlichvielen Flüssen ist wieder ein Fluß. Beispielsweise erhält man durch Addition eingleisiger Flüsse wieder Flüsse, die aber i.a. nicht eingleisig sind. Daß man so *alle* Flüsse erhält, besagt der

Satz 4.2: *Jeder Fluß ist als endliche Summe von eingleisigen Flüssen darstellbar.*

Beweis: Für jeden Fluß f sei $z(f) = |\{w | w \in W, f(w) > 0\}|$ die Anzahl der Wege, durch die wirklich etwas fließt. Wir führen den Beweis durch Induktion nach $z(f)$. Für $z(f) = 0$ ist $f \equiv 0$, und jeder Weg von a nach e kann dazu dienen, f als eingleisig zu erkennen. Angenommen, f sei ein Fluß mit $z(f) > 0$, und für jeden Fluß f' mit $z(f') < z(f)$ gebe es eine Darstellung als Summe eingleisiger Flüsse. Wir konstruieren nun einen Weg $w_1, \ldots, w_r$ von a nach e folgendermaßen: Wegen $z(f) > 0$ ist $\|f\| > 0$, also gibt es eine von a ausgehende und etwa in b_1 endende Kante w_1 mit $f(w_1) > 0$. In b_1 fließt also wirklich etwas hinein, also fließt auch etwas von b_1 fort: Es gibt eine von b_1 ausgehende und etwa in b_2 endende Kante w_2 mit $f(w_2) > 0$. Man fährt so fort, bis man $b_r = e$ erreicht; dann setze man die Zahl $\|f''\|$ durch

$$\|f''\| = \min_{1 \leq \rho \leq r} f(w_\rho),$$

und den eingleisigen Fluß f'' durch

$$f''(w) = \begin{cases} \|f''\| & \text{für} \quad w = w_1, \ldots, w_r, \\ 0 & \text{sonst} \end{cases}$$

fest. Jedenfalls ist $f'' \leq f$, also ist durch $f' = f - f''$ wieder ein Fluß f' mit $f' \leq f$ gegeben. Da aber $f''(w_\rho) = f(w_\rho)$ für mindestens ein $\rho = 1, \ldots r$ gilt, ist für eben dieses ρ
$$f(w_\rho) > f'(w_\rho) = 0$$
und damit
$$z(f') < z(f).$$
Stellt man f' als endliche Summe eingleisiger Flüsse dar und addiert dann noch den eingleisigen Fluß f'', so ist f als endliche Summe eingleisiger Flüsse dargestellt.

Hat ein Fluß f nur ganzzahlige Werte, so gilt dasselbe auch für die im obigen Beweis entstehenden Flüsse f' und f''. Reichert man die Induktionsannahme um die Forderung der Ganzzahligkeit an, so erhält man einen Beweis für den

Satz 4.3: *Jeder ganzzahlige Fluß f läßt sich als Summe von höchstens $\|f\|$ ganzzahligen eingleisigen Flüssen darstellen.*

Die Anzahlaussage folgt, weil sich die Stärken der Flüsse addieren.

Greifen wir unser anschauliches Beispiel von vorhin wieder auf, so erhalten wir einen ganzzahligen Fluß im Rahmen der dort angegebenen Kapazitäten, indem wir folgende Zahlen an die gerichteten Strecken schreiben:

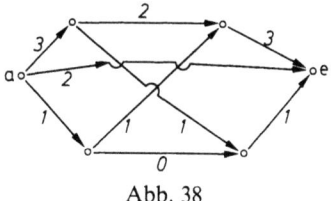

Abb. 38

Dieser Fluß ist die Summe der folgenden vier eingleisigen Flüsse:

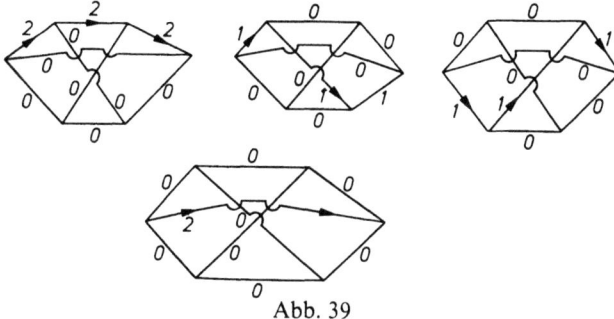

Abb. 39

Den ersten von ihnen kann man noch um 1 verstärken, ohne die Kapazitätsgrenzen zu sprengen. Es entsteht dann insgesamt ein Fluß f' mit $\|f'\|=7$.

3. Das Schnitt-Fluß-Theorem

lautet:

Satz 4.4: *Sei $(a,P,e,W,\alpha,\varepsilon)$ ein Netzwerk und $c>0$ eine Kapazitätsverteilung auf W. Dann gilt*

$$\min_{S \text{ Schnitt}} c(S) = \max_{f \text{ Fluß im Rahmen von } c} \|f\|.$$

Anmerkung: Aus Kompaktheitsgründen gibt es stets einen Fluß maximaler Stärke im Rahmen von c.

Beispiel: In unserem konkreten Beispiel hatten wir einen Fluß der Stärke 7, aber auch einen Schnitt der Kapazität 7 gefunden.

Beweis: 1) Sei f ein Fluß und S ein Schnitt. Dann gilt

$$c(S) \geq \|f\|,$$

falls sich f im Rahmen von c hält. Das ist intuitiv klar: Die ganze Stärke des Flusses f muß durch die Wegstücke des Schnitts S, ohne deren Gesamtkapazität zu sprengen. Einen exakten Beweis erhält man leicht, indem man f in eingleisige Flüsse zerlegt:

$$f = f_1 + \cdots + f_n.$$

Zu jedem f_k gehört ein Weg von a nach e, und dieser Weg enthält mindestens ein $w_k \in S$. Nun sieht man:

$$\begin{aligned}
\|f\| &= \|f_1\| + \cdots + \|f_n\| \\
&= f_1(w_1) + \cdots + f_n(w_n) \\
&= \sum_{w \in S} \sum_{w_k = w} f_k(w_k) \\
&\leq \sum_{w \in S} f(w) \\
&\leq \sum_{w \in S} c(w) = c(S).
\end{aligned}$$

Damit ist
$$\min_{S \text{ Schnitt}} c(S) \geq \max_{f \text{ Fluß im Rahmen von } c} ||f||.$$

2) Um = zu beweisen, verwenden wir einen *Markierungs-Algorithmus*. Er schreibt vor, gewisse Punkte des Netzwerks nach folgendem Schema zu markieren:

1. Schritt: Man markiert den Anfangspunkt a des Netzwerks mit dem Symbol α.

n. Schritt: Man betrachtet jeden in den Schritten Nr. $1,\ldots,n-1$ markierten Punkt b und sucht

α) alle Wegstücke mit dem Anfangspunkt $\alpha(w)=b$, für die

$$f(w) < c(w)$$

gilt, d. h. der Fluß das Wegstück „nicht voll ausnützt"; man markiert alle Endpunkte $\varepsilon(w)$ derartiger Wegstücke mit dem Symbol ε, falls sie nicht schon vorher markiert wurden.

β) Danach sucht man noch alle Wegstücke w mit dem Endpunkt $\varepsilon(w)=b$, für die

$$f(w) > 0$$

gilt und markiert, deren Anfangspunkte $\alpha(w)$ mit dem Symbol α, falls diese nicht schon vorher markiert wurden.

Dies (in Ablauf und Ergebnis nicht eindeutig festgelegte) Verfahren endet nach endlichvielen Schritten mit der Unmöglichkeit, weitere Punkte zu markieren, weil es nur endlichviele Punkte gibt. Man hat am Schluß eine Menge M_α von Punkten, die mit α, und eine dazu disjunkte Menge M_ε von Punkten die mit ε markiert sind. Wir setzen $M = M_\alpha + M_\varepsilon$.

Fall I: $e \in M$. – Wir zeigen, daß man den Fluß f im Rahmen der Kapazitätsverteilung e durch einen echt stärkeren Fluß ersetzen kann. – Die Markierung von e lautet auf jeden Fall ε, da e nur als Endpunkt eines Wegstücks auftreten kann. Sie wurde in einer Folge von Markierungen erreicht, bei der jede den „Aufhänger" für die nächste bildet. Es ging also mit der Marke α bei a los, dann erhielt ein Punkt b_1 seine Marke, weil er mit a einen der obigen Fälle realisierte, dann erhielt b_2 seine Marke, weil er mit b_1 einen der obigen Fälle realisierte, etc.; und schließlich erhielt $b_r = e$ seine Marke ε sozusagen von b_{r-1}, weil von b_{r-1} nach e ein Wegstück führte, das durch f nicht voll ausgelastet war. So haben wir den Gang der Markierung also noch einmal auszugsweise rekapituliert.

Wir erhalten also Wegstücke $w_1, w_2, \ldots, w_r$ mit

$$\alpha(w_1) = a, \varepsilon(w_1) = b_1;$$

$\alpha(w_\rho) = b_{\rho-1}$, $\varepsilon(w_\rho) = b_\rho$, falls

b_ρ mit ε markiert ist; dann gilt

$f(w_\rho) < c(w_\rho)$;

$\alpha(w_\rho) = b_\rho$, $\varepsilon(w_\rho) = b_{\rho-1}$, falls

b_ρ mit α markiert ist; dann gilt

$f(w_\rho) > 0$.

Wir setzen nun

$$\delta_\varepsilon = \min_{\substack{b_\rho \in M_\varepsilon \\ \rho = 1, \ldots, r}} [c(w_\rho) - f(w_\rho)]$$

$$\delta_\alpha = \min_{\substack{b_\rho \in M_\varepsilon \\ \rho = 1, \ldots, r}} f(w_\rho)$$

$$\delta = \min[\delta_\varepsilon, \delta_\alpha]$$

und haben damit das Minimum der beim Markieren anvisierten Steigerungen und Abschwächungen von f gebildet. Natürlich ist $\delta > 0$.

Wir definieren nun

$$f'(w) = \begin{array}{ll} f(w), & \text{falls } w \ne w_1, \ldots, w_r, \\ f(w) + \delta, & \text{falls } w = w_\rho, \varepsilon(w_\rho) = b_\rho, \\ f(w) - \delta, & \text{falls } w = w_\rho, \alpha(w_\rho) = b_\rho. \end{array}$$

Um einzusehen, was hier wirklich geschieht, greifen wir uns drei Punkte $b_{\rho-1}, b_\rho, b_{\rho+1}$ heraus und betrachten die 4 möglichen Fälle:

$$\begin{array}{ccc}
b_{\rho-1} & b_\rho & b_{\rho+1} \\
\bullet \xrightarrow{+\delta} & \bullet\!\!\leftarrow \xrightarrow{+\delta} & \bullet \\
& \varepsilon & \varepsilon
\end{array}$$

$$\begin{array}{ccc}
b_{\rho-1} & b_\rho & b_{\rho+1} \\
\bullet \xrightarrow{+\delta} & \bullet\!\!\leftrightarrow \xleftarrow{-\delta} & \bullet \\
& \varepsilon & \alpha
\end{array}$$

$$\begin{array}{ccc}
b_{\rho-1} & b_\rho & b_{\rho+1} \\
\bullet \xleftarrow{-\delta} & \bullet \xrightarrow{+\delta} & \bullet \\
& \alpha & \varepsilon
\end{array}$$

$$\begin{array}{ccc}
b_{\rho-1} & b_\rho & b_{\rho+1} \\
\bullet \xleftarrow{-\delta} & \leftarrow\!\bullet \xleftarrow{-\delta} & \bullet \\
& \alpha & \alpha
\end{array}$$

Im ersten Fall wurde der Fluß von $b_{\rho-1}$ nach b_ρ um δ erhöht, ebenso der Fluß von b_ρ nach $b_{\rho+1}$. Analog ergeben sich Erhöhungen bzw. Erniedrigungen der Flüsse durch die Wegstücke in den anderen Fällen. Stets bleibt f' ein Fluß. Beispielsweise wird im dritten Fall ein Abfluß um δ erhöht, der andere um δ erniedrigt, so daß der Gesamt-Abfluß aus b_ρ gleich bleibt.

Entsprechend diskutiert man die anderen Fälle. Die Stärke des neuen Flusses f' ist aber erhöht worden, denn sie ist gleich dem gesamten Abfluß aus a, und der ist (im Wegstück w_1) um δ gestiegen:

$$\|f'\| = \|f\| + \delta.$$

Wegen $\delta > 0$ ist f' echt stärker als f.

Fall II: $e \notin M$.– Wir konstruieren einen Schnitt S mit

$$c(S) = \|f\|$$

folgendermaßen: Sei $Q' = M$ die Menge aller (mit α oder ε) markierten Punkte; sie enthält a, nicht aber e; sei Q'' die Menge aller nicht markierten Punkte; sie enthält e, aber nicht a.

Wir definieren

$$S = \{w \mid w \in W, \alpha(w) \in Q', \varepsilon(w) \in Q''\},$$
$$S' = \{w \mid w \in W, \alpha(w) \in Q'', \varepsilon(w) \in Q'\}.$$

Es ist klar, daß

$$f(w) = 0 \quad (w \in S')$$

gilt, denn sonst könnte man den Markierungsalgorithmus noch fortsetzen, indem man $\alpha(w)$ die Marke α erteilt; aber $\alpha(w)$ gehört ja zu Q'', der Menge der nicht markierten Punkte. Wir zerlegen unseren Fluß f in endlichviele eingleisige Flüsse

$$f = f_1 + \cdots + f_n$$

mit $\|f_1\|, \ldots, \|f_n\| > 0$. Jeder solche eingleisige Fluß f_k geht längs eines Weges $w_1, \ldots, w_r$ mit $\alpha(w_1) = a$, $\varepsilon(w_r) = e$.

Wir betrachten die $r+1$ verschiedenen (!) Punkte $a, b_1 = \varepsilon(w_1)$, $\ldots, b_{r-1} = \varepsilon(w_{r-1}), e$, die dieser Weg berührt. a ist markiert, e nicht. Ist b_ρ der erste nicht markierte Punkt auf unserem Weg, so ist $w_\rho \in S$. Gäbe es danach noch markierte Punkte, also minimales $\sigma > \rho$ mit markiertem b_σ, so wäre $w_\rho \in S'$ und $\|f_k\| = f(w_\sigma) = 0$, im Widerspruch zu unserer Annahme $\|f_k\| > 0$. Damit haben wir erreicht: Jeder der eingleisigen Flüsse $f_1, \ldots, f_n$ geht durch genau ein Wegstück aus S (ohne S noch ein zweites Mal zu passieren).

Nun gilt

$$f(w) = c(w) \quad (w \in S),$$

denn sonst könnte man $\varepsilon(w)$ noch (mit ε) markieren. Es folgt

$$c(S) = \sum_{w \in S} c(w)$$
$$= \sum_{w \in S} f(w)$$
$$= \sum_{w \in S} \sum_{k=1}^{n} f_k(w)$$
$$= \sum_{k=1}^{n} \sum_{w \in S} f_k(w)$$
$$= \sum_{k=1}^{n} \|f_k\| = \|f\|.$$

In der letzten Doppelsumme bleibt eben von $\sum_{w \in S} f_k(w)$ nur ein einziger Summand übrig, der den Wert $\|f_k\|$ hat.

Nun führen wir den Beweis unseres Satzes wie folgt zu Ende: Aus Kompaktheitsgründen gibt es einen Fluß f maximaler Stärke $\|f\|$ im Rahmen der gegebenen Kapazitätsverteilung. Führt man mit diesem Fluß den Markierungsalgorithmus durch, so kann Fall I nicht eintreten, da man dann einen stärkeren Fluß erhielte. Also tritt Fall II ein, und man erhält einen Schnitt S mit $c(S) = \|f\|$.

Durch Analyse dieses Beweises finden wir:

1) Sind die Kapazitäten $c(w)$ ganzzahlig, so gibt es im Rahmen von c einen (z.B. eingleisigen) Fluß f mit ganzzahliger Stärke $\|f\|$. Ist $\|f\|$ noch nicht maximal, so tritt bei Durchführung des Markierungs-Algorithmus der Fall I ein. Die dort auftretende Zahl $\delta > 0$ ist ganz. Also erhält man einen ganzzahligen Fluß f' mit ganzzahliger Stärke $\|f'\| > \|f\|$. Dieses Verfahren endet nach endlichvielen Schritten mit einem maximalen ganzzahligen Fluß. Insbesondere haben wir den Beweis von Satz 4.4 hier ohne Kompaktheitsbetrachtungen zu Ende geführt.

Wir geben für unser konkretes Beispiel und zwei Flüsse Markierungen an: Betrachten wir zunächst den Fluß

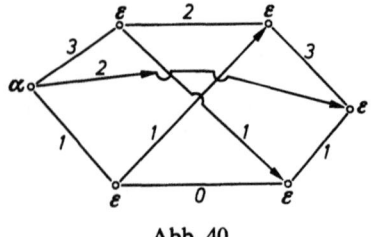

Abb. 40

Hier ist man im Fall I; tatsächlich kann man den Fluß in den drei obersten Wegstücken um 1 erhöhen. Man erhält so den Fluß

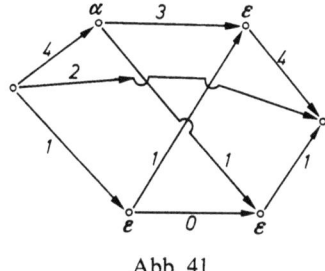

Abb. 41

für den die angegebene neue Markierung gilt. Hier ist man im Fall II, der Fluß hat die maximale Stärke 7.

Für weitere Untersuchungen und Beispiele sei der Leser auf VOGEL [23] verwiesen.

§ 5. Beziehungen zwischen den Hauptsätzen

Wir wollen zum Abschluß einige logische Querverbindungen zwischen den Sätzen 1.1 (Heiratssatz), 2.1 (D. KÖNIG), 3.1 (DILWORTH) und 4.4 (FORD-FULKERSON) herstellen. Der Leser ist eingeladen, weitere zu finden. Der Einfachheit halber bezeichnen wir die Sätze mit den Namen ihrer Urheber, den Heiratssatz ausgenommen.

Jeder dieser Sätze hat einen trivialen und einen nichttrivialen Teil. Wir werden den trivialen stillschweigend voraussetzen und uns begnügen, jeweils das zu beweisen, was dann noch zum nichttrivialen Teil fehlt.

1. Heiratssatz ⇒ König

Wir setzen den Heiratssatz als richtig voraus und legen nun die Situation des Satzes von KÖNIG zugrunde (§ 2). Sei s die Schnittzahl und $S \subseteq A + E$ ein Schnitt mit der minimalen Mächtigkeit s. Wir setzen
$$H = A \cap S, \quad D = E,$$
$$D(a) = \{e \mid (a, e) \in K, e \notin S\}.$$
Angenommen, es gibt ein $P \subseteq H$ mit $|D(P)| < |P|$. Dann bilden wir
$$S' = (H \setminus P) + D(P) + (E \cap S).$$

Man stellt sofort fest, daß S' ein Schnitt ist: Jede in $A \cap S$ beginnende Kante beginnt in $H \backslash P$ oder endet in $D(P)$, alle übrigen Kanten enden in $E \cap S$.

Wir haben aber

$$|S'| = |H \backslash P| + |D(P)| + |E \cap S|$$
$$< |H \backslash P| + |P| + |E \cap S|$$
$$= |A \cap S| + |E \cap S| = |S|$$

im Widerspruch zur Minimalität von $|S|$.

Mittels einer Heirat verbinden wir nun die Punkte aus $A \cap S$ durch ebensoviele disjunkte Kanten mit ebensovielen Punkten aus $E \backslash S$. Eine völlig symmetrische Überlegung führt zur eineindeutigen Verbindung der Punkte aus $E \cap S$ mit ebensovielen Punkten aus $A \backslash S$ durch ebensoviele paarweise disjunkte Kanten. Damit ist ein disjunktes System von s Kanten hergestellt und der nichttriviale Teil des Satzes von KÖNIG bewiesen.

2. König⇒Heiratssatz

Wir setzen den Satz von KÖNIG als richtig voraus und legen nun die Situation des Heiratssatzes zugrunde (§ 1). Mit der Festsetzung

$$A = H, \quad E = D,$$
$$K = \{(h,d) | d \in D(h)\}$$

erhalten wir einen paaren Graphen. Die Voraussetzung $|D(P)| \geq |P|$ ($P \subseteq H$) impliziert $|D(h)| \geq 1$ ($h \in H$), so daß wirklich von jedem $h \in H$ mindestens eine Kante ausgeht. Die Schnittzahl ist nun

$$s = |H|.$$

H ist nämlich ein Schnitt. Ist S ein Schnitt, so gilt für $P = H \backslash S \neq \emptyset$ jedenfalls $S \cap D \supseteq D(P)$, denn sonst gäbe es eine in $H \backslash S$ beginnende und außerhalb $S \cap D$ endende Kante, was der Schnitt-Eigenschaft von S widerspricht.

Nun bekommen wir

$$|S| = |S \cap H| + |S \cap D| \geq |S \cap H| + |D(P)|$$
$$\geq |S \cap H| + |P| = |H|.$$

Nach KÖNIG gibt es ein System von $s = |H|$ disjunkten Kanten, und diese Kanten sind gerade die in einer Heirat gebildeten Paare.

3. Dilworth⇒Heiratssatz

Wir setzen den Satz von DILWORTH als richtig voraus und legen nun die Situation des Heiratssatzes zugrunde (§ 1). In der Menge

$$M = H + D$$

ist durch die Vorschrift

$$h \leq h \quad (h \in H),$$
$$d \leq d \quad (d \in D),$$
$$h \leq d \quad (d \in D(h))$$

eine Halbordnung erklärt. Eine Heirat $d: H \to D$ läßt sich mit dem System $\{\{h, d(h)\} | h \in H\}$ von disjunkten zweigliedrigen Ketten identifizieren. Umgekehrt liefert jedes System von $|H|$ paarweise disjunkten zweigliedrigen Ketten $\{h_1, d_1\}, \ldots, \{h_{|H|}, d_{|H|}\}$ vermöge

$$d: h_k \to d_k$$

eine Heirat, da die $h_1, \ldots, h_{|H|}$ eine Durchzählung von H bilden und die $d_1, \ldots, d_{|H|}$ paarweise verschieden sind.

Nun ist die Dilworth-Zahl in diesem Fall – unter der Voraussetzung $|D(P)| \geq |P|$ ($P \subseteq H$)

$$d(M) = |D|,$$

denn D ist ungeordnet, und gäbe es eine ungeordnete Menge $U \subseteq M$ mit $|U| > |D|$, so wäre $P = U \cap H \neq \emptyset$ und $D(P) \cap (U \cap D) = \emptyset$, weil U ungeordnet ist, und man erhielte

$$|D| \geq |(P)| + |U \cap D| \geq |P| + |U \cap D|$$
$$= |U \cap H| + |U \cap D| = |U| > |D|,$$

also einen Widerspruch. Wir können also $M = H + D$ in $|D|$ disjunkte Ketten zerlegen. Die Elemente von D sind obere Enden solcher Ketten, also aus Anzahlgründen exakt die sämtlichen oberen Enden. Somit ist jedes $h \in H$ unteres Ende einer zweigliedrigen Kette und eine Heirat gefunden.

4. Dilworth⇒König

Wir setzen den Satz von DILWORTH als richtig voraus und legen nun die Situation des Satzes von KÖNIG zugrunde (§ 2).

Wir machen $M = A + E$ zu einer halbgeordneten Menge durch die Festsetzung $a \leq a$ ($a \in A$), $e \leq e$ ($e \in E$), $a \leq e$ ($(a, e) \in K$). Ist $S \subseteq M$ ein Schnitt, so ist $U = M \setminus S$ ungeordnet, und umgekehrt. Folglich ist

$$s = |M| - d(M).$$

Da nach DILWORTH $d(M)=k(M)$ gilt, erhalten wir

$$s = |M| - k(M)$$
$$= \max_Z [|M| - |Z|],$$

wobei Z alle Zerlegungen von M in disjunkte Ketten durchläuft. Dabei ist aber $|M|-|Z|$ die Anzahl der beteiligten zweigliedrigen Ketten. Somit folgt $s=k$ wie gewünscht.

5. König ⇒ Dilworth

Wir setzen den Satz von KÖNIG als richtig voraus und legen nun die Situation des Satzes von DILWORTH (§ 3) zugrunde. Als erstes beschaffen wir uns ein zweites Exemplar $E=\{a',b',...\}$ der betrachteten halbgeordneten Menge $M=\{a,b,...\}$, das wir als zu M disjunkt voraussetzen. Mit $A=M$ haben wir dann das Grundmaterial für einen paaren Graphen: Wir setzen

$$K = \{(a,b') | a \le b\}.$$

Beispielsweise entsteht so aus der früher betrachteten halbgeordneten Menge

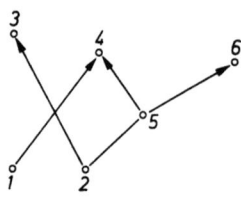

Abb. 42

der paare Graph

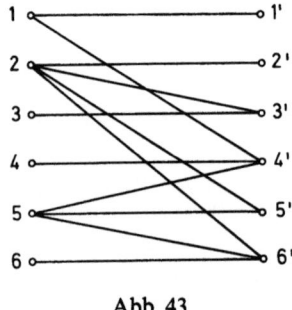

Abb. 43

Zu jedem disjunkten $K_0 \subseteq K$ gibt es eine Kettenzerlegung Z mit
$$|K_0| + |Z| = n.$$

K_0 liefert ja zunächst ein System von zweigliedrigen Ketten, die paarweise nicht den unteren Endpunkt und nicht den oberen Endpunkt gemeinsam haben; dagegen kann es vorkommen, daß ein oberer Endpunkt gleich einem unteren Endpunkt (einer anderen unter diesen Ketten) ist, so daß man durch Aneinanderhängen längere Ketten bilden kann, die dann disjunkt werden. Wir erhalten etwa r Ketten mit Längen $l_1, \ldots, l_r$. Dann nehmen wir noch die nicht erfaßten Punkte von M als Ketten der Länge 1 hinzu und erhalten Z. Nun gilt
$$|M| = |Z| + \sum_{\rho=1}^{r} (l_\rho - 1) = |Z| + |K_0|.$$

Jede disjunkte Kettenzerlegung Z entsteht auf diese Weise aus genau einem passenden K_0, das man sich durch Zerstückeln der Ketten mit mehr als einem Element verschafft. Also gilt
$$\min |Z| = |M| - \max |K_0|.$$

Zu jedem Schnitt S minimaler Mächtigkeit in unserem paaren Graphen gibt es eine ungeordnete Menge $U \subseteq M$ mit
$$|M| = |S| + |U|.$$

Wenn nämlich $a \in S \cap A$ ist, so ist $a' \notin S \cap E$ (a' repräsentiert das mit a zu identifizierende Element aus E, dem zweiten Exemplar von $A = M$). Denn wenn jede Kante (a, b') in einem $b' \in S \cap E$ endete, könnte man a in S entbehren; also gibt es ein $b' \in E \setminus (S \cap E)$ mit $(a, b') \in K$. Ebenso findet man im Falle $a' \in S \cap E$ ein $c \in A \setminus (S \cap A)$ mit $(c, a') \in K$. Das bedeutet $c \leq a' \leq a \leq b$ in M, also $(c, b') \in K$, wobei $c, b' \notin S$ der Schnitt-Eigenschaft von S widersprechen. Wir erhalten daher durch
$$U = M \setminus [(S \cap A) + \{a \mid a \in A, a' \in S \cap E\}]$$

eine Menge U mit $|U| = |M| - |S|$. Sie ist ungeordnet, denn $a, b \in U$, $a \leq b$ würde $a \in S$ oder $b' \in S$, also $a \notin U$ oder $b \notin U$ implizieren.

Wir erhalten nun aus dem Satz von
$$|U| = |M| - |S| = |M| - \max |K_0| = \min |Z|,$$

d.h. die nichttriviale Aussage des Satzes von DILWORTH.

6. Ford-Fulkerson ⇒ König

Wir setzen den Satz von FORD-FULKERSON als richtig voraus und legen nun die Situation des Satzes von KÖNIG zugrunde (§ 2). Wir wählen zwei nicht zu $A+E$ gehörige Punkte $a \neq e$ und bilden ein Netzwerk, indem wir die schon vorhandenen Kanten zu Wegstücken von A nach E machen und neue Wegstücke von a nach allen Punkten von A, und von allen Punkten aus E die Endpunkte von Kanten sind, nach e ziehen. In dem ersten Beispiel aus § 2 liefert dies anschaulich das Netzwerk

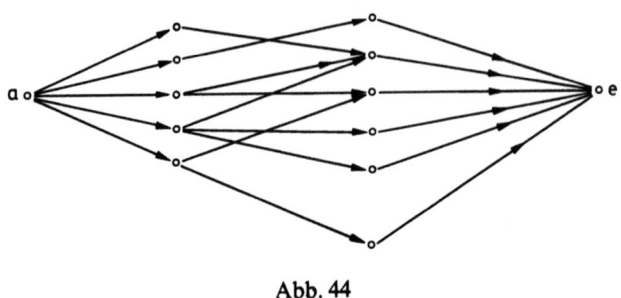

Abb. 44

Dabei ist ein Punkt aus E weggefallen. Exakt sieht die allgemeine Konstruktion so aus:

Man bildet $(a, P, e, W, \alpha, \varepsilon)$, indem man

$$E' = \{c \mid (b,c) \in K\},$$
$$P = A + E',$$
$$W = \{(a,b) \mid b \in A\}$$
$$+ K$$
$$+ \{(c,e) \mid c \in E'\},$$

$$\begin{aligned}\alpha((x,y)) &= x \\ \varepsilon((x,y)) &= y\end{aligned} \quad ((x,y) \in W)$$

setzt. – Jedem Wegstück (a,b) mit $b \in A$ oder (c,e) mit $c \in E'$ in diesem Netzwerk erteilen wir die Kapazität 1. Den „alten" Wegstücken aus K erteilen wir ganzzahlige Kapazitäten, die größer sind als $\max[|A|, |E'|]$. Dann sind wir sicher, daß ein Schnitt S (im Sinne von § 4) mit minimaler Kapazität keine Wegstücke aus K enthält.

Er bestimmt zwei Mengen $A_0 \subseteq A$, $E_0 \subseteq E'$, vermöge
$$A_0 = \{b \mid (a,b) \in S\},$$
$$E_0 = \{c \mid (c,e) \in S\}.$$

Wir sind dabei sicher, daß jedes Wegstück aus K in einem Punkt aus A_0 anfängt oder in einem Punkt aus E_0 endet, da man sonst sofort einen Weg von a nach e konstruieren könnte, der kein Wegstück aus S enthält, im Widerspruch zur Schnitt-Eigenschaft von S. Also ist $A_0 + E_0$ ein Schnitt im Sinne von § 2. – Die Kapazität von S ist $|S|(=|A_0+E_0|)$, da alle Wegstücke von S die Kapazität 1 haben. Der Satz von FORD-FULKERSON liefert uns nun die Existenz eines ganzzahligen Flusses der Stärke $|S|$. Die von diesem Fluß wirklich benützten Wegstücke aus K haben paarweise weder Anfangs- noch Endpunkte gemeinsam, da die Zuflüsse (von a her) ihrer Anfangspunkte und ebenso die „Abflüsse" ihrer Endpunkte (nach e hin) jeweils nur die Kapazität 1 besitzen: durch jeden Punkt von $A+E'$ geht höchstens die Flußstärke 1. Aus demselben Grund werden die benützten Kanten aus K mit der Stärke 1 benützt. Die Stärke des Flusses ist also die Anzahl der benützten Kanten aus K. Diese bilden daher eine disjunkte Kantenmenge K_0 mit $|K_0|=|S|=|A_0+E_0|$ und damit den nichttrivialen Teil des Satzes von KÖNIG.

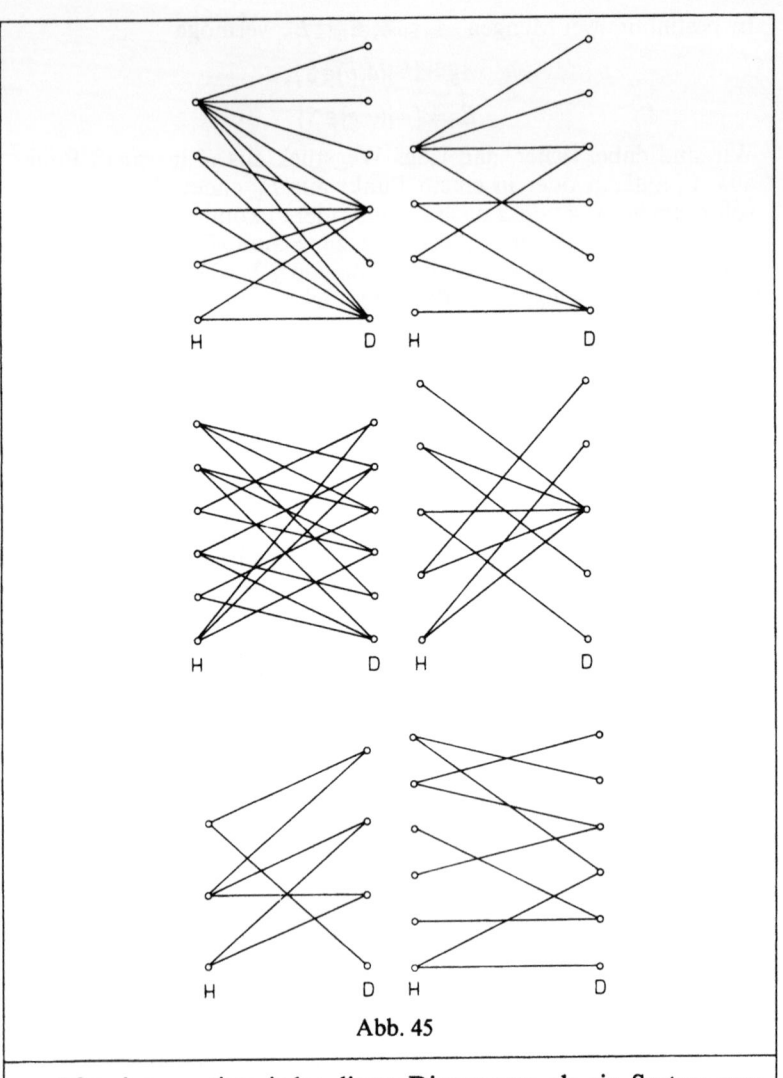

Abb. 45

Man interpretiere jedes dieser Diagramme als ein System von Freundschaften und bestimme jeweils alle möglichen Heiraten.

Man interpretiere jedes dieser Diagramme als einen paaren Graphen und bestimme die Schnittzahl s, einen minimalen Schnitt und ein System von s disjunkten Kanten.

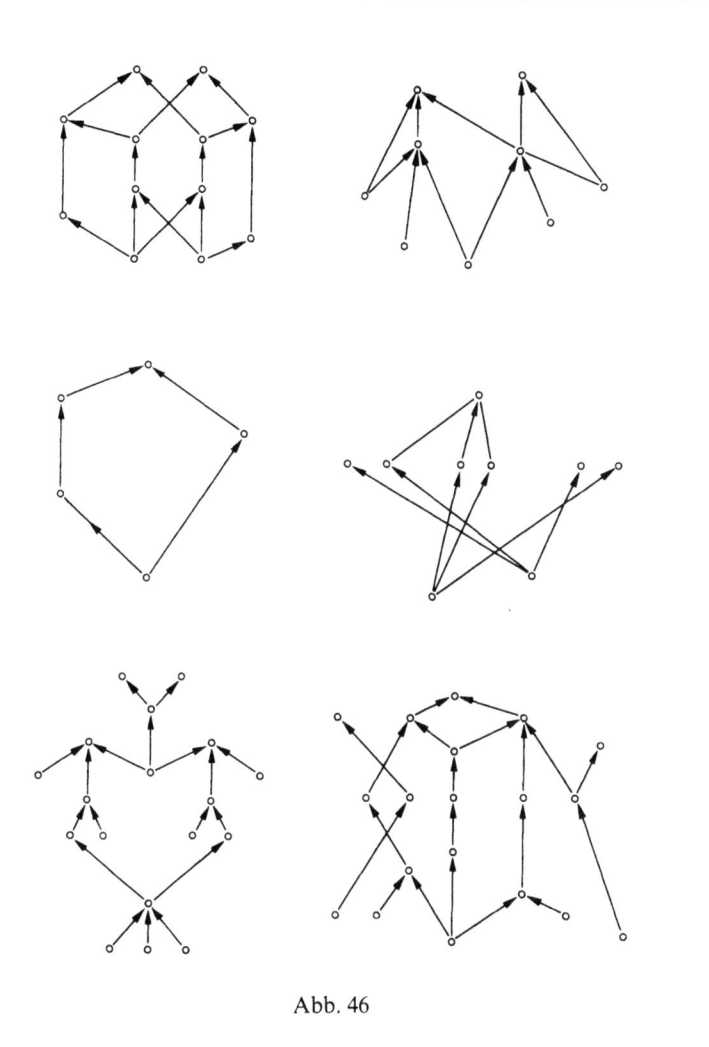

Abb. 46

Man bestimme für jede der angegebenen halbgeordneten Mengen die Dilworth-Zahl d, eine ungeordnete Teilmenge von d Elementen und eine Zerlegung in d Ketten.

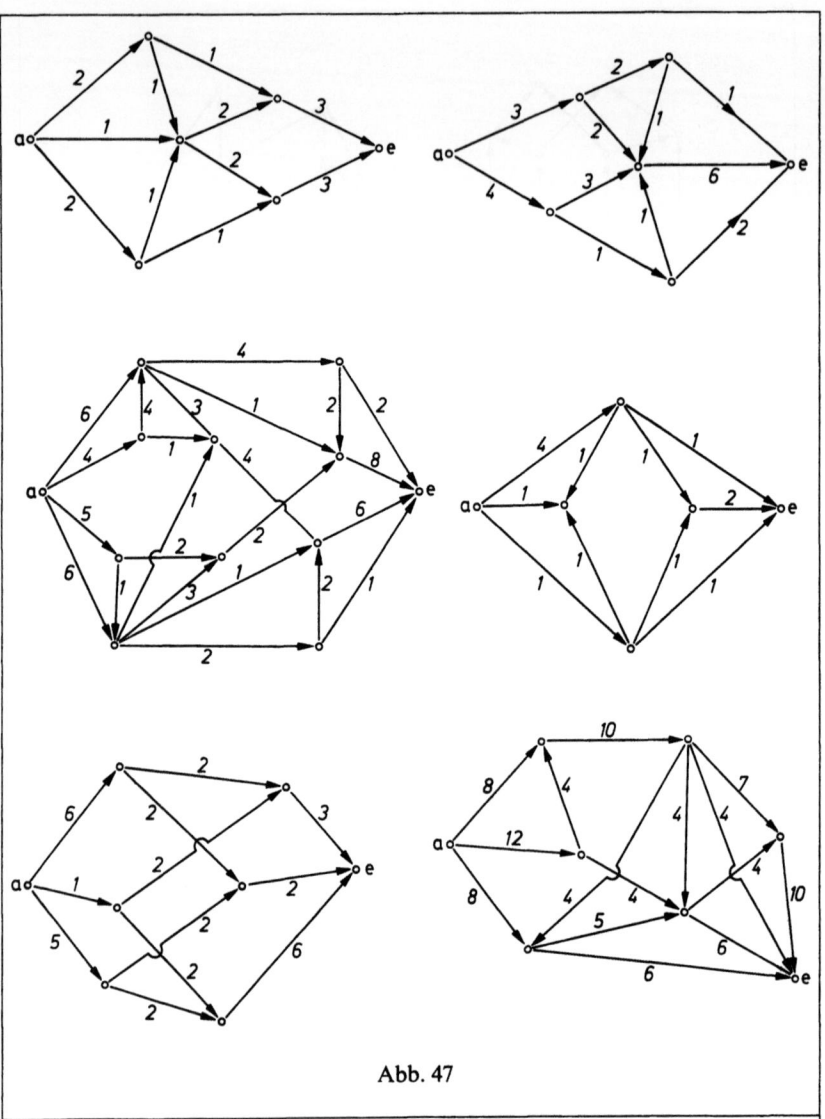

Abb. 47

Man bestimme für jedes dieser Netzwerke einen minimalen Schnitt und einen maximalen Fluß und zerlege den letzteren in eingleisige Flüsse.

LITERATUR

[1] BERGE, C.: Theorie des graphes et ses applications, Paris 1958.
[2] DANTZIG, G. B., and FULKERSON, D. R.: On the Max-Flow-Min-Cut Theorem of Networks, Ann. Math. Stud. **38**, 215–221 (1956).
[3] DILWORTH, R. P.: A decomposition theorem for partially ordered sets, Ann. Math. **51**, 161–166 (1950).
[4] EGERVARY, E.: Über kombinatorische Eigenschaften von Matrizen, Math. es Fiz. Lapok **38**, 16–28 (1931) (ung.).
[5] FORD, L. R., and FULKERSON, D. R.: Flows in Networks, Princeton 1962.
[6] HALL, PH.: On representatives of subsets, J. London Math. Soc. **10**, 26–30 (1935).
[7] HALL, M.: Combinatorial Theory, Waltham (Mass.)-Toronto-London 1967.
[8] HALMOS, P. R., and H. VAUGHAN: The marriage problem, Amer. J. Math. **72**, 214–215, (1950).
[9] HARPER, L. H., and ROTA, G.-C.: Matching Theory, an Introduction, Rockefeller University, New York, 1967.
[10] KÖNIG, D.: Über Graphen und ihre Anwendungen, Math. Ann. **77**, 453–465 (1916).
[11] — Theorie der endlichen und unendlichen Graphen, Leipzig 1936.
[12] MAAK, W.: Eine neue Definition der fastperiodischen Funktionen, Abh. a. d. Math. Sem. Hamburg **11**, 240–244 (1936).
[13] — Fastperiodische Funktionen, Berlin–Göttingen, Heidelberg 1950, 2. Aufl. 1967.
[14] MENGER, K.: Botenproblem, Erg. e. math. Koll., 9. Koll., 2 (1932).
[15] MILLER, G. A.: On a method due to Galois, Quarterly J. of Math. **41**, 382–384 (1910).
[16] MIRSKY, L., and PERFECT, H.: Systems of representatives, J. Math. Anal. and Applications **15**, 568 (1966).
[17] RADO, R.: Bemerkungen zur Kombinatorik im Anschluß an Untersuchungen von Herrn D. König, S.-Ber. d. Berliner Math. Ges. **32**, 60–75 (1933).
[18] RYSER, H. J.: Combinatorial Theory, New York 1963.
[19] SPERNER, E.: Note zu der Arbeit von Herrn B. L. van der Waerden: Ein Satz über Klasseneinteilungen von endlichen Mengen, Abh. a. d. Math. Sem. Hamburg **5**, 232 (1927).
[20] — Ein Satz über Untermengen einer endlichen Menge, Math. Zeitschrift **27**, 544–548 (1928).
[21] VOGEL, W.: Lineare Programme und allgemeine Vertretersysteme, Math. Z. **76**, 103–115 (1956).
[22] — Bemerkungen zur Theorie der Matrizen aus Nullen und Einsen, Arch. d. Math. **14**, 139–144 (1963).
[23] — Lineares Optimieren, Leipzig 1967.
[24] WAERDEN, B. L. V. D.: Ein Satz über Klasseneinteilungen in endlichen Mengen, Abh. a. d. Math. Sem. Hamburg **5**, 185–188 (1927).
[25] WEYL, H.: Almost periodic invariant vector sets in a metric vector space, Amer. J. Math. **71**, 178–205 (1949).

Namen- und Sachverzeichnis

[α] 120 f.
α(ω) 122 ff., 136
$A_n(t)$ 70 ff.
$a_n(t)$ 70 ff.
Abbruch von Schachpartien 12
Abbuchung von einem Bankkonto 53 ff.
Abschwächen eines Flusses 128 f.
Absteigeverfahren 13 f., 118
Addition von Blöcken 4
— von Flüssen 124 ff.
affine Transformation 43
affingeometrische Eigenschaften 43
Algorithmus 3
—, Markierungs- 127 ff.
ANDERSEN, E. SPARRE 53, 69, 81, 83, 86, 88, 90, 97, 102
Anfangsblock 6 ff.
Anfangskapital 31 ff., 50 ff.
Anfangspunkt eines Netzwerks 122 ff.
Anfangspunkte eines paaren Graphen 111 ff.
Anfangspunkt eines Wegstücks 122 ff.
Anfangsscheitel eines Pfades 83
Anordnung, inverse 62 ff.
—, lexikographische 115
Anordnungsaxiome 115 f.
Anzahl der echten Leiter-Punkte 97 ff.
— — nichtnegativen Scheitel 60 ff.
— — nichtpositiven Scheitel 61 ff.
— — strikt negativen Scheitel 60 ff.
Anzahlfragen 53, 57 ff.
Anzahl der strikt positiven Scheitel 57 ff., 60 ff., 72, 97
aperiodische fastperiodische Folgen 15
Aperiodizität 9 ff.
äquivalente Aussagen 61 ff, 131 ff
— Folgen von 0-1-Blöcken 25
— n-tupel 88 ff., 98 f.

Äquivalenzprinzip, kombinatorisches 53, 56 ff., 68 f.
arcsin-Dichte 76 ff.
arcsin-Gesetz, asymptotisches 72, 75 ff.
—, kombinatorisches (von E. S. ANDERSEN) 53, 66 ff., 83 ff., 97, 102
— von BAXTER 82 ff.
— von IMHOF 82 ff.
arcsin-Verteilung 70 ff.
Assoziativgesetz der Block-Multiplikation 4 ff.
Asymmetrie der Geschlechter 104
asymptotisches arcsin-Gesetz 72, 75 ff.
asymptotische Untersuchung 72, 75 ff.
Aufsteigeverfahren 118
Auftreten von Blöcken 9 ff.
Ausgleich der Interessen 112
Auszahlung 30 ff.
Axiom der Vergleichbarkeit 116

Bankkonto 53 ff., 68, 81
BARKOW 1
BAXTER, G. 82, 84, 86, 88, 93, 97, 102
bedeckendes System von Zeilen und Spalten 114
BERGE, C. 103, 141
Bernoulli-Raum 8 f.
Besitzstand 30, 34, 36
Bilanzpfad 49 ff.
—, kühner 52
—, Wahrscheinlichkeit 49 f.
binärer Baum 52
Binomialkoeffizienten 70 ff., 83 ff.
Block 1 ff.
Block-Addition 4
Block-Algebra 2 ff., 26
Block, Anfangs- 6 ff.
—, Auftreten 9 ff.

Block, CESÁRO in einer Folge 15 f.
—, gleichmäßig CESÁRO in einer Folge 16, 20 ff.
—, halbstarrer 26
—, Komponenten eines 0-1- 3 ff.
—, Länge 3 ff., 9 ff., 17, 23 f., 26
—, leerer 4
Block-Multiplikation 4 ff.
Block, Position 9 ff.
—, Produkt mit einer Folge 7
—, relative Häufigkeit 15 f., 20 ff.
Block-Spiegelung 4 ff.
Block, starrer 26
Blöcke, Nebeneinanderstellung 4 ff., 15, 23
—, Überlappung 10 ff., 20 f.
—, Verknüpfung für 0-1- 3 ff.
BONSDORFF-FABEL-RIIHIMAA 12, 27

$c(S)$ 123 ff.
$c(w)$ 123 ff.
cartesisches Produkt 67, 116
Casino 28 ff.
CESÁRO 15 f., 18 ff.
—, gleichmäßig 16, 19 ff.
— mod d 25 f.
COXETER, H. S. M. 1, 27

d 114
$\delta(A)$ 17 ff.
$D(h)$ 105 ff., 131 ff.
$d(h)$ 105 ff., 133
$d(M)$ 116 ff., 133 ff., 139
$D(P)$ 105 ff., 131 ff.
Damen 104 ff., 138
Damenüberschuß 106 f.
DANTZIG, G. B. 141
Diagramm einer Funktion 31 ff., 40 ff.
Dichte der arcsin-Verteilung 76 ff.
Dichtefunktion 76 ff.
dichte Menge in Z_+ 14 ff.
DILWORTH, R. P. 103, 115, 117, 131, 133 ff., 141
Dilworth-Zahl 116 ff., 133 ff., 139
DINGES, H. 81
disjunkte Kettenmenge 116 ff., 139
— Kontenmenge 112 ff., 137, 138

diskrete Massenverteilung 76 ff.
— Wahrscheinlichkeitsverteilung 76 ff.
Drehung von Pfaden 62 ff., 91 f., 99
DUBINS, L. 28, 52
Durchflußkapazität 121
Durchmesser einer Menge 109 f.
DVORETZKY, A. 29
dyadisches Intervall 31 ff., 41 ff.

$\varepsilon(w)$ 122 ff., 136
echter Leiter-Punkt 96 f., 100 f.
EGERVÁRY, E. 103, 141
eineindeutige Abbildung 62 ff., 90 ff., 98 f.
eingleisiger Fluß 124 ff., 129 f., 140
Eingriff beim Schrumpf-Verfahren 91 f., 98 f.
Einhängen eines Funktionsgraphen 40 ff.
Einheitsintervall 31 ff., 76 ff.
Eins für die Block-Multiplikation 5
Einsatz beim Glücksspiel 30 ff.
Einsatzfolge, zulässige 49 ff.
Einsetzen eines Zuwachses 88, 93 f., 100
Einzahlung auf ein Bankkonto 53 ff.
Einzelhochzeit 106 f.
Elementarereignis 46
Endpunkt eines Netzwerks 122 ff.
— eines Weges 122 ff.
— eines Wegstücks 122 ff.
Endpunkte eines paaren Graphen 111 ff.
Endscheitel eines Pfades 83 ff.
Endstand eines Bankkontos 54
Ereignis 46 ff.
—, elementares 46 ff.
—, sicheres 47
—, unmögliches 47
Erfolgswahrscheinlichkeit 30 ff.
Ergodentheorie 2
Erhaltung der Materie 123
Erhöhung eines Flusses 127 ff.
Erniedrigung eines Flusses 128 f.
erstes Maximum 57 ff., 72 ff.
— Minimum 61 ff.
erweitertes Modell (für das kombinatorische Äquivalenzprinzip) 67 ff.
erzeugende Potenzreihe 71

Erzeugung von 0-1-Folgen 3 ff.
ε-Überdeckung 109 f.
—, minimale 110

$\|f\|$ 123 ff.
$f(w)$ 123 ff.
Faktor 1. Grades in einem Graphen 115
farblos, moralisch 81
fastperiodische Folgen 2, 14 ff., 25
— Funktionen 103, 110, 141
— Nicht-Cesáro-Folgen 18
— nichtperiodische Folgen 15
FEDOROW 1
FELLER, W. 53, 69, 81
Fluktuationstheorie 53 ff., 81, 102
Fluß, Abschwächung 128 f.
—, eingleisiger 124 ff., 129 f., 140
—, ganzzahliger 125 f., 130 f., 137
— in einem Netzwerk 103, 121, 123 ff.
— maximaler Stärke 121, 126 ff., 140 f.
—, Stärke 123 ff.
—, Summe 124 ff.
—, Verstärkung 127 ff.
Folgen, 0-1- 1 ff.
—, CESÁRO 16, 18 ff.
—, CESÁRO mod d 25 f.
—, Erzeugung von 0-1- 3 ff.
—, gleichmäßig CESÁRO 16, 19 ff.
—, Produktdarstellung 6 ff., 25
—, spezielle 3
—, Spiegelung 4
FORD, L. R. 103, 121, 131, 136 f., 141
Freundin 104 ff.
FULKERSON, D. R. 103, 121, 131, 136 f., 141
Funktion, Graph (Diagramm, Schaubild) 31 ff., 40 ff.
—, monotone 38, 40 ff.

g 114 f.
GALOIS, E. 103
Gang der Markierung 127 ff.
ganzzahliger Fluß 125 f., 130 f., 137
gelenkig 90 ff.
genetisches Material 25
Gestänge 90 ff., 98 f.

gleichmächtige Mengen 61 ff., 85, 90 ff., 98 f.
gleichmäßig CESÁRO 16
Glücksspiele 28 ff.
Grad eines Graphen 114 f.
Graphen 103, 111 ff., 117, 122, 131 ff., 138
Graph, Anfangspunkte 111 ff.
— einer Funktion 31 ff., 40 ff.
— einer Halbordnung 117
—, Endpunkte 111 ff.
—, Faktor 1. Grades 115
—, Grad 114 f.
Graphen, paare 111 ff., 131 ff., 138
—, reguläre paare 114 f.
Graph, Schnittzahl 112 ff., 131 ff., 138
Graphentheorie 103, 111 ff., 131 ff., 141
Grenzwertaussage 72, 75 ff.
Großmutter 25
Gruppentheorie 1 f., 26, 103

Haar'sches Maß 110
Halbordnung 116 ff., 133 ff., 139, 141
—, Graph 117, 139
—, Kettenzerlegung 116 ff.
—, Tabelle 117
halbstarrer Block 26
HALL, M. 53, 81, 103
HALL, Ph. 103
HALMOS, P. R. 103, 141
HARPER, L. H. 103, 118
Häufigkeit, relative 2, 15 ff., 25 f.
HEDLUND, G. 1, 11, 27
Heirat 104 ff., 131 ff., 138
Heiratsproblem 104
Heiratssatz 103 ff., 131 ff., 141
—, quantitative Verschärfung 106 ff.
Herren 104 ff., 138
HOBBY, CH. 88, 90, 97, 102
Hochzeitsreise 106 f.
horizontal, nahezu 88 ff., 100
How to gamble if you must 28

IMHOF, J. P. 82, 95, 97, 99, 102
Indikatorfunktion 8 f., 15 f.
Induktion, vollständige 5, 12 ff., 31, 42, 61, 64 f., 72 ff., 86, 88, 105 ff., 118 f.

innere Musik einer 0-1-Folge 3
Interessenausgleich 112
intuitive Schlußweise 20 ff., 29, 92
inverse Anordnung 62 ff.

JORDAN 1

k 112 ff.
$k(M)$ 116 ff., 134 f.
KAKUTANI, S. 1, 7, 27
Kakutani-Folgen 7, 11, 22
Kantenmenge, disjunkte 112 ff., 132, 137
Kapazität eines Netzwerks 121, 123
— eines Schnitts 126
— eines Wegstücks 123
Kante in einem Graphen 111 ff., 132
KEANE, M. 1, 3 f., 25, 27, 53
Keane-Folge (ternäre) 3, 6 f., 11, 22 ff., 25
Kette in einer Halbordnung 116 ff.
Kettenmenge, disjunkte 116 ff., 133 ff.
Kettenzahl einer Halbordnung 116 ff., 139
— eines paaren Graphen 112 ff.
Kettenzerlegung 116 ff., 135, 139
Klammerung von 0-1-Block-Produkten 5 ff., 25
kleinste Periode 10
Knotenpunkte von Netzwerken 122 ff.
— von Graphen 111 ff.
KÖNIG, D. 103, 111 f., 131 ff., 141
Koeffizientenvergleich 71
Kombinatorik 1 ff., 53 ff., 81 ff., 103 ff., 141
kombinatorisches Äquivalenzprinzip 53, 56 ff., 68 f.
— arcsin-Gesetz 53, 66 ff.
Kommutativgesetz 4 f.
Kompaktheit 126, 130
kompakte Gruppen 26, 110
Komponenten eines Blocks 3 ff.
kontinuierlichviele 7
Konto 53 ff., 68, 81
Kontoinhaber 55, 81
Konvergenzkriterium für unendliche Produkte 19
Kristallgruppen 1 f.

kritischer Moment beim Schrumpfverfahren 91 f., 99
— Scheitel beim Schrumpfverfahren 91 f., 99
kühne Strategie 28, 35 f., 39 ff.
kühner Einsatz 39
Kunde einer Bank 55, 81

ladder index 95 ff., 102
Länge eines 0-1-Blocks 3 ff., 9 ff., 17, 23 f., 26
— eines Weges 122
Leiter 96
Leiter-Index 95 ff., 102
Leiter-Punkt 96 ff.
—, echter 96 f., 100 f.
—, unechter 96
letztes Maximum 61 ff.
— Minimum 61 ff.
lexikographische Anordnung 115
lineare Programme 141
— Stauchung 40 ff.
lineares Optimieren 141
Links-Eins für die Block-Multiplikation 5
logische Querverbindungen 103, 131 ff.

$M(\pi)$ 61 ff.
$M^*(\pi)$ 61 ff.
$m(\pi)$ 61 ff.
$m^*(\pi)$ 61 ff.
$m^-(\pi)$ 65 f.
$M(s, \pi)$ 68 ff.
$M^*(s, \pi)$ 68 ff.
$m(s, \pi)$ 68 ff.
$m^*(s, \pi)$ 68 ff.
MAAK, W. 103, 110, 141
Mächtigkeit einer Menge 53, 57 ff., 61 ff., 85, 90 ff., 98 f., 112 ff.
majorisierter Scheitel 83 ff., 96 ff.
Marke 127 ff.
Markierungs-Algorithmus 127 ff.
marriage theorem 103 ff., 141
Maschinen 2
Maschinenerzeugte 0-1-Folgen 1 ff.
Massenverteilung, diskrete 76 ff.
Maßtheorie 2
matching theory 103, 141

145

Materie 1, 123
Matrix von Nullen und Einsen 114, 141
maximale Stärke von Flüssen 126 ff.
— disjunkte Kontenmenge 112 ff.
maximaler Fluß 121, 126 ff., 140 f.
— Kontostand 55
maximales Element einer Halbordnung 118 f.
maximieren 28, 30 ff.
Maximum 55 ff., 61 ff., 69, 72 ff., 96
—, erstes 57 ff., 72 ff.
—, letztes 61 ff.
Menge, ungeordnete 116 ff.
MENGER, K. 141
Merkzeichen 8
Metrik 109 f.
metrisch kompakt 2
metrischer Raum 109 f.
MILLER, G. A. 103, 109, 141
minimale ε-Überdeckung 110
— Periode 10
minimaler Schnitt 112 ff., 121, 126 ff., 138, 140 f.
minimales Element einer Halbordnung 118 f.
Minimum, erstes 61 ff.
—, letztes 61 ff.
— über eine leere Menge reeller Zahlen 97
MIRSKY, L. 103, 141
Mittelwert 2, 15, 42
Mittelwertsatz für fastperiodische Funktionen 103, 110
Modell, erweitertes (für das kombinatorische Äquivalenzprinzip) 67 ff.
— für das kombinatorische Äquivalenzprinzip 60 ff.
— für das kombinatorische arcsin-Gesetz 67 f.
— für Rot und Schwarz 46 ff.
Monogamie 105, 108
monoton wachsende Funktion 38, 40 ff.
Monotonie 38, 40 ff., 55
moralisch farblos 81
MORSE, M. 1, 3, 11, 27
Morse-Folge 3, 6 f., 11 ff., 22 ff., 25
Motor 90 ff.

Münzenwurf 29
Musik, innere (einer 0-1-Folge) 3
$N(\varepsilon)$ 109 f.
$n_k(s,\pi)$ 97 ff.
$n_k^\varepsilon(s,\pi)$ 99
$N(\pi)$ 60 ff.
$N^*(\pi)$ 61 ff.
$N^-(\pi)$ 65 f.
$N(s,\pi)$ 67 ff.
$N^*(s,\pi)$ 68 ff.
Näherungssumme, Riemann'sche 78 ff.
Nahtstelle zwischen zwei 0-1-Blöcken 10 ff.
Nebenklassen nach einer Untergruppe 103, 109
NETTO, E. 53, 81
Netz von Röhren 121
— von Straßen 121
Netzwerk 103, 121 ff., 136 f., 140
—, Anfangspunkt 122 ff., 136 f.
—, Endpunkt 122 ff., 136 f.
—, Fluß 103, 121, 123 ff., 140
—, Kapazität 121, 136, 140
—, Knotenpunkte 122 ff., 136 f.
—, Schnitt 121 ff., 136 f., 140
—, Wege 122 ff.
—, Wegstücke 122 ff., 136 f.
—, Zyklenverbot 122, 124
Neutralelement der Block-Addition 4
— der Block-Multiplikation 5
nicht ausgenütztes Wegstück 127 ff.
Nichtkommutativität der Block-Addition 4
— der Block-Multiplikation 5
Nichtperiodische fastperiodische Folgen 15
nicht vergleichbare Elemente 116 ff.
n-tupel, äquivalente 88 ff., 98 f.
—, scharfe 89 ff., 98
—, S-unabhängige 69 ff., 83 ff.

0-1-Blöcke, s. Block, Blöcke
0-1-Folgen, Erzeugung von 3 ff.
0-1-Folgen 1 ff.
—, Cesàro 16, 18 ff.
—, gleichmäßig Cesàro 16, 19 ff.
—, Produktdarstellung 6 ff., 95

0-1-Folgen, Spiegelung 4
—, spezielle 3
optimale Strategie 28, 30, 35f.
Optimalität der kühnen Strategie 36, 46
Optimierung 28, 30ff.

Π 67ff.
$P(\pi)$ 57ff.
$P^*(\pi)$ 60ff.
$P^\kappa(s,\pi)$ 89ff.
$P^-(\pi)$ 65f.
$P_n^6(a)$ 30ff.
$P(s,\pi)$ 67ff., 83ff.
$P^*(s,\pi)$ 67ff.
$\bar{P}(s,\pi)$ 84ff.
$\bar{P}^\kappa(s,\pi)$ 90f.
paarer Graph 111ff., 131ff., 138
Papierstreifen, unendlicher 8
Partialprodukt 6ff.
Partialsumme 57, 60ff., 82ff.
Party 105ff.
PERFECT, H. 103, 141
periodische Folgen 2, 9ff., 22ff.
Permutation 54ff., 67ff., 72ff., 82ff., 96ff.
Pfad 47ff., 55ff., 82ff.
—, Drehung 62ff., 91f., 99
—, Scheitel 47ff.
—, Umklappen 66, 84f.
Phänomen der Vergleichbarkeit 116ff.
Potenzreihe, erzeugende 71
—, Koeffizientenvergleich 71
Probleme 25
Produkt, cartesisches 67, 116
— eines 0-1-Blocks mit einer 0-1-Folge 7
Produktdarstellung einer 0-1-Folge 6ff., 25
Produkte, unendliche (von 0-1-Blöcken) 5ff.
Produktformel für relative Häufigkeiten 17ff.
— bei statistischer Unabhängigkeit 29, 47ff.
Produkte, unendliche (von reellen Zahlen) 18f.
Programm 8

Programmblock 8
p-Teil eines Roulette 29f.
Punkt 111ff.
PYKE, R. 88, 90, 97, 102

quantitative Verschärfung des Heiratssatzes 106ff.
Quelle 121
Querverbindungen, logische 103, 131ff.

$r^\kappa(s,\pi)$ 98
$\rho_0(A), \rho_1(A)$ 17ff.
$r(s,\pi)$ 97ff.
RADO, R. 103, 141
Ranggröße 84
Rechts-Eins für die Block-Multiplikation 5
reflexive Relation 116
Regelmäßigkeit 1ff.
regulärer paarer Graph 114f.
Rekursionsformel 35ff., 88, 93ff., 97, 99ff.
Relation 116
—, reflexive 116
—, scharfe 116
—, transitive 116
relative Häufigkeit 2, 15ff., 25f.
Repräsentantensystem 103
—, gemeinsames 103
representatives of subsets 103, 141
Restkapital 38
Riemann-integrable Funktion 76ff.
Riemann'sche Näherungssumme 78ff.
RIORDAN, J. 53, 81
Röhrennetz 121
ROTA, G.-C. 103, 118, 141
rote Zahlen 55
Roulette 29f.
Rot und Schwarz 28ff.
RYSER, H. J. 53, 81, 103, 141

s 112ff., 131ff., 138
S 67ff.
$S \times \Pi$ 67ff.
$S_n(\pi)$ 54ff.
$S_n^-(\pi)$ 65f.
$S_n(s,\pi)$ 67ff., 82ff.

147

SAVAGE, L. 28, 52
Schach 2, 12
Schachstopregel 2, 12
scharfe n-tupel 89ff., 98ff.
— Relation 116
Scheitel, Anfangs- 83
—, End- 83ff.
— eines Graphen 42f.
— eines Pfades 47ff.
—, majorisierter 83ff., 96ff.
—, negativer 55ff., 60ff., 84f.
—, nichtnegativer 60ff.
—, nichtpositiver 61ff.
—, positiver 55ff., 60ff., 83ff.
Schiebung 9, 11, 15ff.
Schnitt-Fluß-Theorem 121ff., 136f., 141
Schnitt in einem Netzwerk 121ff., 136f.
— — — paaren Graphen 111ff., 132ff.
—, minimaler 112ff., 121, 126ff., 138, 140f.
Schnittzahl eines paaren Graphen 112ff., 132ff.
SCHOENFLIES 1
Schrumpf-Verfahren von E. S. ANDERSEN 88ff., 97ff.
Schulden 55, 81
Senke 121
shift 9, 11, 15ff.
shift-Raum 8f.
sicheres Ereignis 47
SOHNCKE 1
Spalten einer Matrix 114
Speicher 8
SPEISER, A. 1, 27
SPERNER, E. 103, 121, 141
spezielle Zylinder 8
Spiegelung von 0-1-Blöcken 4ff.
— von 0-1-Folgen 4
Spielcasino 28ff.
Spielgang 30ff., 50ff.
Spielverlauf 32ff., 47ff.
Sprengung der Kapazität 121, 123, 125f., 130
Stärke eines Flusses 123ff.
starrer Block 26
statistisch unabhängig 29, 47

Stauchung(sfaktor) 40ff.
Stirling-Formel 77ff.
Straßennetz 121
Strategie 28, 30ff., 50ff.
—, kühne 28, 35f., 39ff., 50, 52
—, optimale 28, 30, 35
Strategiebegriff, allgemeiner 35f., 50ff.
—, intuitiver 28ff.
strategische Optimierung 28, 30ff.
strikt negative Scheitel 55ff., 61ff.
— positive Scheitel 55ff., 60ff.
sukzessive Konstruktion von Funktionen 40ff.
Summe von Flüssen 124ff.
S-unabhängige n-tupel 69ff., 83ff., 96ff.
Symmetrie 1ff.
Symmetriebetrachtung als Beweismittel 74
symmetrische Verzweigung 51f.
System aller Teilmengen 119ff., 141
Systeme verschiedener Vertreter 108, 141
systems of distinct representatives 108, 141

Teilmengen, System aller 119ff., 141
Teilstrategie 37, 39
ternäre Keane-Folge 3, 6f., 11, 22ff., 25
THUE, A. 27
Tochter einer 0-1-Folge 25
Topologie 2, 26, 110
topologische Dynamik 2
— Gruppen 26, 110
transitive Relation 116
Transportkapazität 121
Transportvorgänge 121

$U_n(a)$ 30ff.
Überdeckung 108ff.
—, ε- 109f.
—, minimale ε- 110
Überlappung von 0-1-Blöcken 10ff., 20f.
Überziehen eines Bankkontos 55f.
Uminterpretation eines Satzes 114
umkehrbar eindeutige Abbildung 62ff., 90ff., 98f.

Umklappen eines Pfades 66, 84 f.
Umnummerierung 108 ff., 119
Unabhängigkeit, statistische 29, 47
unausgenützte Wegstücke 127 ff.
unendliche Produkte reeller Zahlen 18 f.
— — von 0-1-Blöcken 5 ff.
— Symmetrien 2
unendlicher Papierstreifen 8
ungeordnete Menge 116 ff., 133 ff., 139
unmögliches Ereignis 47
Untergruppe 103, 109
—, Nebenklassen 103, 109
Unterhaltungsmathematik 53
Untermengen, alle 119 ff., 141
unvergleichbare Elemente 116 ff., 133 ff.

$v_n(j,k)$ 88, 93 f.
$v_n^c(j,k)$ 89 ff.
VAUGHAN, H. 103, 141
Vereinigung, disjunkte 46 ff., 116, 118 ff.
Vergleichbarkeit 116
Verknüpfung von Blöcken 3 ff.
Verlängerung eines Weges 122
Verschärfung, quantitative (Heiratssatz) 106 ff.
Verstärkung eines Flusses 127 ff.
VOGEL, W. 103, 131, 141
vollständige Induktion 5, 12 ff., 31, 42, 61, 64 f., 72 ff., 86, 88, 105 ff., 118 f.
vollständiges Modell für Rot und Schwarz 46 ff.
Vorgeschichte 50
Vorzeichen 49 ff., 67 ff.
Vorzeichenverteilung 49 ff., 67 ff., 82 ff., 96 ff.
Vorzeichenwechsel 91 f.

$w_n(j,k)$ 97 ff.
$w_n^c(j,k)$ 98 f.

Währung 30
WAERDEN, B. L. VAN DER 103, 141
waghalsig 28
Wahrscheinlichkeit 29 ff., 46 ff., 76 ff.
— eines Pfades 48 f.
Wahrscheinlichkeitsfeld 46 f.
Wahrscheinlichkeitstheorie 2, 28, 36, 46 ff., 53, 69, 81
Wahrscheinlichkeitsverteilung 46 ff., 76 ff.
—, diskrete 76 ff.
Walzer unendlicher Ordnung 3
Wechsel des Vorzeichens 91 f.
Weg, Länge 122
—, Verlängerung 122
Wege in einem Netzwerk 122 ff.
Wegstück, Anfangspunkt 122 ff., 136 f.
—, unausgenütztes 127 ff.
Wegstück in einem Netzwerk 122 ff., 136 f.
WEYL, H. 1, 27, 103, 141

$x_k(\pi)$ 60 ff.
$x_k^-(\pi)$ 65 f.
$x_k(s,\pi)$ 67 ff.

Zeilen einer Matrix 114
Zeitpunkt des Maximums 55 ff.
— — ersten Maximums 57 ff.
Zerlegung eines Flusses in eingleisige Flüsse 124 ff.
Zickzackweg 112 ff.
Zielbetrag 30 ff.
Zufallsmechanismus 29 f.
Zufallspunkt 46
Zukunft 51
Zulässige Einsatzfolge 49 ff.
Zuwachs 83, 88, 90 ff.
—, Einsetzen 88, 93 f., 100
—, kleinster 88 ff.
Zyklenverbot für Netzwerke 122, 124
Zyklus in einem Netzwerk 122, 124
Zylinder (spezielle) 8, 23 f.

Erschienene Bände der Heidelberger Taschenbücher

1	Max Born: Die Relativitätstheorie Einsteins. DM 10,80
2	K. H. Hellwege: Einführung in die Physik der Atome 2. erweiterte Auflage. DM 8,80
3	Wolfhard Weidel: Virus und Molekularbiologie 2. erweiterte Auflage. DM 5,80
4	L. S. Penrose: Einführung in die Humangenetik. DM 8,80
5	Hans Zähner: Biologie der Antibiotica. DM 8,80
6	Siegfried Flügge: Rechenmethoden der Quantentheorie. 3. Auflage. DM 10,80
7/8	G. Falk: Theoretische Physik I und Ia auf der Grundlage einer allgemeinen Dynamik Band 7: Elementare Punktmechanik (I). DM 8,80 Band 8: Aufgaben und Ergänzungen zur Punktmechanik (Ia). DM 8,80
9	Kenneth W. Ford: Die Welt der Elementarteilchen. DM 10,80
10	Richard Becker: Theorie der Wärme. DM 10,80
11	P. Stoll: Experimentelle Methoden der Kernphysik. DM 10,80
12	B. L. van der Waerden: Algebra I 7. neubearbeitete Auflage der Modernen Algebra. DM 10,80
13	H. S. Green: Quantenmechanik in algebraischer Darstellung. DM 8,80
14	Alfred Stobbe: Volkswirtschaftliches Rechnungswesen. DM 10,80
15	Lothar Collatz/Wolfgang Wetterling: Optimierungsaufgaben. DM 10,80
16/17	Albrecht Unsöld: Der neue Kosmos. DM 18,—
18	Fred Lembeck/Karl-Friedrich Sewing: Pharmakologie-Fibel Tafeln zur Pharmakologie-Vorlesung. DM 5,80
19	A. Sommerfeld/H. Bethe: Elektronentheorie der Metalle. DM 10,80
20	K. Marguerre: Technische Mechanik. I. Teil: Statik. DM 10,80
21	K. Marguerre: Technische Mechanik. II. Teil: Elastostatik. DM 10,80
22	K. Marguerre: Technische Mechanik. III. Teil: Kinetik VIII. DM 12,80
23	B. L. van der Waerden: Algebra II 5. Auflage der Modernen Algebra. DM 14,80
24	Manfred Körner: Der plötzliche Herzstillstand Akuter Herz- und Kreislaufstillstand. DM 8,80
25	W. Reinhard: Massage und physikalische Behandlungsmethoden. DM 8,80
26	H. Grauert/I. Lieb: Differential- und Integralrechnung I. DM 12,80
27/28	G. Falk: Theoretische Physik II und IIa Band 27: Allgemeine Dynamik und Thermodynamik (II). DM 14,80 Band 28: Aufgaben und Ergänzungen zur Allgemeinen Dynamik und Thermodynamik (IIa). DM 12,80

29 P. D. Samman: Nagelerkrankungen. DM 14,80
30 R. Courant/D. Hilbert: Methoden der mathematischen Physik I
3. Auflage. DM 16,80
31 R. Courant/D. Hilbert: Methoden der mathematischen Physik II
2. Auflage. DM 16,80
32 F. W. Ahnefeld: Sekunden entscheiden — Lebensrettende Sofortmaßnahmen. DM 6,80
33 K. H. Hellwege: Einführung in die Festkörperphysik I. DM 9,80
36 H. Grauert/W. Fischer: Differential- und Integralrechnung II
DM 12,80
37 V. Aschoff: Einführung in die Nachrichtenübertragungstechnik
DM 11,80
38 R. Henn/H. P. Künzi: Einführung in die Unternehmensforschung I
DM 10,80
39 R. Henn/H. P. Künzi: Einführung in die Unternehmensforschung II
DM 12,80
40 M. Neumann: Kapitalbildung, Wettbewerb und ökonomisches Wachstum. DM 9,80
41 G. Martz: Die hormonale Therapie maligner Tumoren. DM 8,80
42 W. Fuhrmann/F. Vogel: Genetische Familienberatung. DM 8,80
43 H. Grauert/I. Lieb: Differential- und Integralrechnung III. DM 12,80
45 G. H. Valentine: Die Chromosomenstörungen. DM 14,80
46 Robert D. Eastham: Klinische Hämatologie. DM 8,80
48 R. Gross: Medizinische Diagnostik — Grundlagen und Praxis.
DM 9,80
50 H. Rademacher/O. Toeplitz: Von Zahlen und Figuren. DM 8,80

Bitte Gesamtverzeichnis der Reihe anfordern!

MIX
Papier aus verantwortungsvollen Quellen
Paper from responsible sources
FSC® C105338

If you have any concerns about our products,
you can contact us on
ProductSafety@springernature.com

In case Publisher is established outside the EU,
the EU authorized representative is:
**Springer Nature Customer Service Center GmbH
Europaplatz 3, 69115 Heidelberg, Germany**

Printed by Libri Plureos GmbH
in Hamburg, Germany